先生、子リスたちが
イタチを攻撃しています!

[鳥取環境大学]の森の人間動物行動学

小林朋道

築地書館

はじめに

私は、鳥取環境大学で、専門である動物行動学と人間比較行動学（両方を合わせて人間動物行動学とよんでいるが）、そしてそれらを基盤にした野生動物の保護の研究と教育と実践に、日夜、励んでいる。（本を読んでいただければ、どのように〝日夜、励んでいる〟のか、少しはわかっていただけると思う。）

先日、大学の入学式があった。ういういしい新入生を見て私もうれしくなったのだが、その新入生に大学が配布した資料のなかに、「クラブ活動紹介」という冊子があった。

私もいろいろな自然系や体育系の顧問をしているので、部員たちがどんな紹介をしているのだろうか、と思って、ページをぱらぱらめくってみた。

……と、一〇ページ目に出ている、ある部のところで目と手がとまった。

そこには、「ヤギ部」の紹介があった。

「全国初〝ヤギ〟のことを考えた部活。その名も、『ヤギ部』」

という見出しで、現在、暮らしている三頭のヤギが、写真入りで紹介されている。その下に、
それぞれのヤギの「名前」と「特徴」が記載されている。たとえば、「名前：やぎこ」「特徴：

でかい、こわいetc...」などなど。

そしてそのページの一角に、どうもヤギとは違う哺乳類も一頭紹介されている。

川で網を振っているホモ・サピエンスのようだ。

なになに「名前：小林朋道」

私のことではないか！

「特徴：動物を見せたら喜ぶ」？　動物を見せたら喜ぶ⁉

………どうして学生たちはそんなにも小林朋道の本質を見ぬけるのだろうか。

私は、ひたすら完敗した。完敗である。

まーそんなわけで、私は毎日、自分で動物を見たり、触ったり、そして、学生に〝動物を見
せてもらって喜んでいる〟。

最近、学生に見せてもらって喜んだのは、なんと言っても、カヤネズミだろう。

《団体名》 **ヤギ部**

文化系

部

DATA
【部長】西ノ薗　大生（環境政策学科 3 年）
【e-mail】××××@kankyo-u. ac. jp
【顧問】小林　朋道（環境マネジメント学科）
【活動場所】校内・または学外
【活動日時】だいたい毎日

全国初“ヤギ”のことを考えた部活。その名も「ヤギ部」。

詳しくは、部長にメール or 新入生歓迎会にて。

P. S. 今年はヤギが増えるよ。

新入生のためのクラブ活動紹介冊子。私が顧問をつとめる“ヤギ部”のページ

詳しくは本のなかに書いたが（だからこの本を買って、中身も読んでいただくことをお勧めする）、カヤネズミというのは、日本でいちばん小さいネズミで、カヤ（ススキ）の葉を編んで巣をつくり、生活している。現在、全国の里山や河川敷の破壊によってカヤの原が減少し、それにともなって、カヤネズミも減少している。

そんなカヤネズミを、大学のキャンパスに雪の残る二月に、学生二人が私のところへ〝見せに〟来てくれたのである。私は、大変〝喜んだ〟。

そう、「特徴：動物を見せたら喜ぶ」に間違いありません。

この本は、そういった大学や、大学の周辺で起こる野生動物（一部、家畜動物）をめぐる〝事件〟をエッセー風に書いたものである。「動物」のなかにはもちろんホモ・サピエンスも含まれる。

ところで断っておくが、私にだって、一応、研究者としてのプライドというものがある。

だから、この本は単なる動物観察記ではない。事件のなかに、動物行動学者としての大変鋭いまなざしや、人間比較行動学の先端の知見が、そこらじゅうにちりばめられているのである。

読んでけっして損のない本なのである。

…………………。

…………………。

まー深くは考えまい。

それにしても、「特徴：動物を見せたら喜ぶ」とはすばらしい。

この本を書いた私の思いは、私の文章（と少しばかりの写真）で〝動物をお見せして〟読者のみなさんにも〝喜んで〟いただければ、という思いである。そして、動物やホモ・サピエンスについての知識とともに、元気！を感じていただければとも思っている。

読んでくださってありがとう。

最後になったが、築地書館の橋本ひとみさんには、文章の推敲から、写真の選定まで、本の完成に、一方ならぬお世話をいただいた。この場を借りてお礼申し上げたい。

小林朋道

◆目次

本書の登場動（人）物たち

イタチを撃退する
シマリスの子どもたち！

フェレットに手伝ってもらって見事に成功した実験

ある秋の日、研究室にきれいな女性が、ペットの携帯用ケージを持って訪ねてこられた。

「知り合いの学生さんから、先生は動物好きだとお聞きしたので、なんとかしていただけないかと思いまして、突然失礼しました」

確かにこれはなかなか突然だ。私もうろたえた。しかしうろたえながらも、おそらく、反射的に、ケージのなかの動物への興味を顔に浮かべてしまったのだろう。その女性は、おもむろにケージを持ち上げ、扉を少し開けられた。そこに見えたのは、それはそれはかわいいフェレットだった。

ちなみにフェレットというのは、最近、日本でもペットとして人気が増してきた、ネコを一回り小さくしたほどの大きさのイタチ科の動物である。（私の本を

とある美しい女性が連れてこられたフェレットのミルク

読まれる方なら、よく知っておられる方も多いだろう。）ヨーロッパケナガイタチが祖先種だろうと考えられている。ヨーロッパでは、ウサギやネズミを穴から追い出させたりするときに利用されるという。

飼う場合には、強いニオイ物質を分泌する肛門部の臭腺《しゅうせん》を取り、雌なら不妊手術をして、部屋のなかで飼う場合がほとんどである。まれに、フェレットにリードをつけて、公園の芝生を散歩させている人を見ることもある。

またあとでお話しするが、私はすでに三〇年ほど前に、動物行動の研究のためにフェレットを二年近く飼ったことがあり（繁殖もさせた）、フェレットのことはよく知っていた。

私のところへは、学生や地域の人たちから、傷ついた鳥、捨てイヌや捨てネコ（最近はなくなったが、以前はヤギも！）などを、「なんとかしてもらえませんか」という依頼がよく舞いこむ。小林（私のことであるが）という教員は、あるいは、あの研究室のメンバーは動物好きだ、という話をどこかで聞くのだろうか。あそこならなんとかしてもらえるかもしれない、と思われるのだろうか。

この際なのではっきり言っておきたいのだが、確かに私は動物が好きである。ゼミの学生たちも、動物好きが多い。私などは、まったく動物に接することができない日があると、体調が悪くなる。

……そういう話ではなくて……好きなのは好きであるが、たとえば、「なんとかしてもらえませんか」と言われて、イヌやネコを引きとって飼うか、となったら話は別である。

鳥については引きとる場合も多い。世話をして、元気になれば放してやればよいのだから。しかし哺乳類になるとそうはいかないのである。その動物が不幸にならないように責任をもって飼うことには大変な労力が必要である。仕事上の利益を含め、自分にとって、そのエネルギーを費やすに足る覚悟ができる理由がなければ、引きうけるわけにはいかない。

私は「まーまーお話をお聞かせください」と言って、その女性に座っていただき、事情をうかがった。要約すると次のようなことだった。

知人から生後一、二カ月のフェレットを譲りうけたのであるが、二歳になる子どもがフェレットの毛が原因でアレルギー症状を起こすということがわかったので、飼うことができなくなった。知人にも何人かあたってみたが、もらってくれる人がいない。そんなとき、知り合いの学生が以前話していた〝動物好き〟の私のことを思い出した……。

その方は、私が以前書いた本も読んだことがあるそうで（とても面白くためになったと言われた。これはほんとうである！）、大学に電話をして私の研究室に回してもらったがなかなか通じなかった、ということだった。（自慢ではないが、私はあまり研究室にはいない。特に日中は、野外にいたり実験室にいることが多い。われわれのような人間は、研究室ではあまり本格的な商売や商売のネタ集めはできないのだ。）何度も大学に電話するのも気がひけて、時々フェレットを連れて私の研究室に来られていたらしい。そしてやっと私がいた、というわけである。

私は一通り話を聞いて、腕組みをしてしまった。困ったからである。

もちろんなんとかしてあげたい。フェレットもかわいい。しかし、私も忙しいし（以前、学生のMくんから、先生は好きなことばっかりしているように見えます、と言われたことがある。しかしMくん、けっしてそんなことはないのだよ。学科や大学のための仕事もたくさんしているんだよ）、飼い主のあてもない。

その女性には申し訳ないと思ったが、言わざるをえない。

「ほんとうに申し訳ないのですが、私にはなんともできません。もう一度、どなたか引きうけてくださる人を必死で探してみてください。そして、どーしてもどーしてもなんともならないときは、連絡してください」

床に置かれたケージのなかで、フェレットが窓の格子に手をかけたりして、動いていた。少し沈黙があって、女性が言われた。

「そうですよね。わかりました。もう一度一生懸命探してみます。突然お邪魔してこちらこそ申し訳ありませんでした」

そんなふうなことを言われ、意を決したように、席を立たれ、フェレットのケージを手に持たれた。

そのときである。無意識に私の脳に、ある考えがぱっと浮かんだ。というか、**フェレットが脳内の二つのパズルの間にぴたっとはまった。**

実はそのころ、ある実験に使う〝材料〟を数カ月間探しつづけていた。しかし、なかなか入手できないため、半ばあきらめ、頭のなかから消えかかっていた。

その〝材料〟というのは、野生のイタチである。

そして、実験というのは、「まだ目も開いていないシマリスの子どもたちが集団で行なう、ある（激しい）行動が、ひょっとすると、イタチを撃退する効果があるのではないか」という仮説を検証するという実験だった。

さて、フェレット（と、きれいな女性）のその後についてお話しする前に、シマリスの行動や、イタチを使っての実験の構想などについて少し説明させていただきたい。

私は数年前、シベリアシマリスの生後一〇日ほどの子ども（まだ母親の乳を飲んでいて目は開いておらず、四肢を使ってやっと移動できる程度の子リス）が、巣穴のなかで、間近に振動を感じたり体に触られたとき、仰向けになり、**猛烈な勢いで体を動かして「カタカタカタ……！」という発声をする**ことを発見した。

そして、この行動は、母親が巣穴から出て、子リスたちしか巣穴にいないときに行なわれるのだ。（母リ

シマリスの子ども。生まれて10日くらいで、まだ目も開いていない

スも、餌を食べに外出しなければならない。）

〝発見〟と自慢げに書いたのは、これまで、少なくとも、哺乳類で、捕食者に対する防衛行動といったら、たいていは成獣による行動である。幼獣、しかもまだ母親の乳を飲んでおり、**目も開いていないような幼獣で、捕食者を攻撃するような防衛行動を行なう例は、これまで知られていない**からである。

この子リスによる「カタカタカタ……！」は、音を視覚的に表わす処理をした画像で見てみると、実際かなり大きな音で、人間には聞こえないような高周波（音程が高いということ）の音も含んでいることがわかった。（この点は、あとで、子リスたちのこの行動の効果を考えるうえで重要な意味をもってくる。）

そして、なにより興味深いのは、子リスたちの「カタカタカタ……！」が〝同調〟している、ということ

子リスたちは集団で捕食者を撃退する！
左端から1番目と2番目の子リスは口を大きく開けている

である。

つまり、一匹が「カタ！」を始めると、ほかの子リス（通常は五～八匹）も発声を始め、ある間隔（四～六秒）で、この「カタ！」を、他個体の発声と合わせながら繰り返す、ということである。

一つの巣穴のなかにいる、子どもたちが、いっせいに「カタカタカタ……！」を始めると（それも、その場で体を大きく動かしながら）、かなり迫力のある場面が生まれる。まるで、一匹の大きな動物が、動きとともに激しく発声しているような印象を受ける。私自身、はじめて、子リスたちの「カタカタカタ……！」を発見したときは、驚いて、圧倒された。（実際の音をお聞かせできないのが残念なのだが。）

さて、この「カタカタカタ……！」であるが、いろ

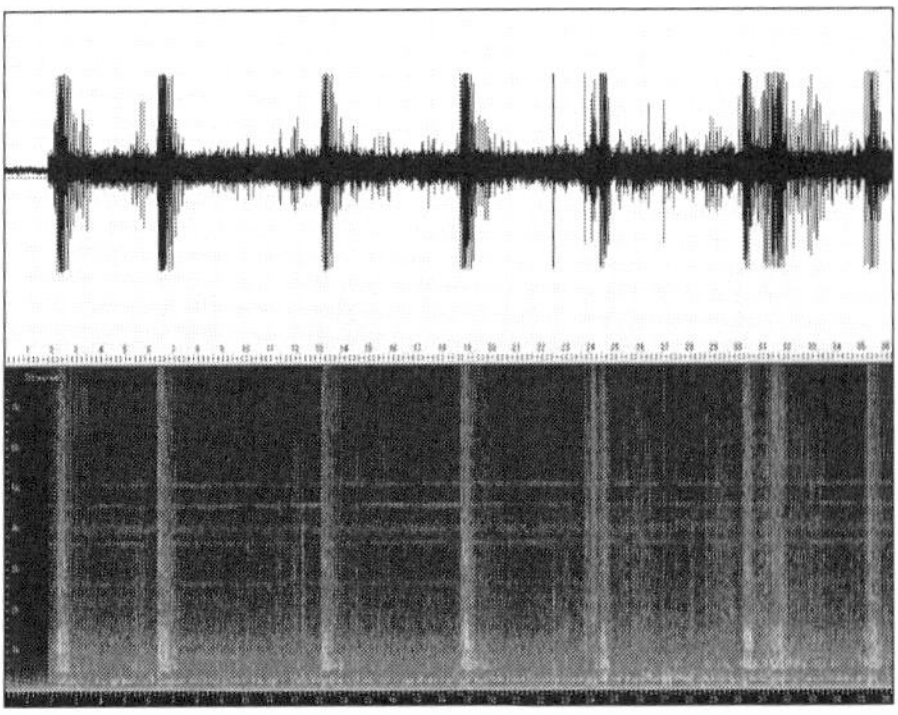

子リスたちが発する音を視覚的に見えるように処理したもの。かなり大きな音で、高周波の音も含んでいる

いろ調べてみると、**母リスが子リスを巣穴に残して外出する時間が多くなるころから行なわれる**ようになることがわかった。

野外における出産後の母リスの行動は、川道美枝子氏や川道武男氏によって詳しく調べられているが、母リスは、出産後、一日ごとに巣穴から外に出る回数や時間が長くなり、一〇日目ごろに外出時間はピークになる。（一日二四時間の半分くらいは外で過ごすようになる。）

ちなみに、この結果は、屋内で飼育しているシマリスの出産後の経過とほとんど一致する。ケージと巣箱と通路を二、三個つなぎあわせて再現した〝巣穴とその外の空間〟でも、母リスの外出は一〇日前後にピークになる。

一方、「カタカタカタ……！」はというと、やはり一〇日目くらいがピークになる。そしてそのころは、巣穴のなかのすべての子リスが、刺激に反応していっせいに「カタカタカタ……！」を行なうようになるのである。

私は両者の符合は偶然のものではなく、おそらく、母リスが巣穴にいなくて子リスだけが巣穴に残されている状態というのは、子リスにとって、捕食者にねらわれたときいちばん危険な状況であり、そのときに子リスのいっせいの「カタカタカタ……！」が起こるような進化が生じたのではないかと類推した。

さてでは、子リスだけが残されたシマリスの巣穴に侵入して、**子リスをねらう捕食者とは誰だろうか？**

すぐ思い浮かぶのは、ヘビとイタチの仲間（オコジョやイイズナ、イタチ）である。テンも考えられないことはないが、巣穴内の通路（〝巣穴〟は少し正確に言えば、通路と、その先にある巣室からできており、子リスは巣室にいる）の広さを考えると、侵入はかなり無理だろう。イタチも侵入するには大きすぎるような気がするが、ホンドイタチの雌（小さい！）なら可能だろうし、雄でも多少、土を削りながら進めば、子リスのいる巣室まで到達することは可能ではないかと思われる。

私は、次のような理由で、本命はヘビではなくてイタチ類だと思った。

一つ目の理由は、ヘビには音が聞こえないからである。

振動刺激は体の表面で感じることができるのであるが、聴覚用の感覚器をヘビはもっていない。だとすると、子リスによる「カタカタカタ……！」も、ヘビにはあまり効果は期待できず、残るのはイタチ類ということになる。

ちなみに、イタチ類（イタチも私は以前一年間ほど飼育したことがあり、それなりに、飼育下で見られる習性は知っているつもりである）は、聴覚も発達しており、特に、高周波の音をよく感受できるらしい。外敵への威嚇や、同種同士の（威嚇も含めた）コミュニケーションでも、高周波の発声がよく使われる。

二つ目の理由は次のようなものである。

カリフォルニア大学デイビス校のオーイングズ教授の研究室では、長年、ジリスとヘビを中心とした捕食者との相互作用について調べている。（私も調査に参加したことがある。）そして、一連の研究のなかで、偶然、「穴フクロウは巣穴のなかで、ガラガラヘビの威嚇音に似た音を出す」という発見をした。

穴フクロウというのは、北米から南米にかけて、草原地に生息するフクロウであり、通常のフクロウのイメージとは違って、キツネ類やジリスなどが掘って、その後使わなくなった穴を棲みかとしている。餌についても、夜の闇のなかをさっと羽ばたいて、ネズミ類などの小型動物を狩るのではなく、日中にもっぱら草原を走り（飛ぶこともできるが）、昆虫などをつかまえる。

オーイングズ教授たちが見つけたのは、その穴フクロウが、穴のなかで休息しているとき、穴の入り口で音や振動を感じたら、ジーッ、ジーッという声を発するということである。

ガラガラヘビは威嚇のとき、とぐろを巻いて、尾を立ててそれを振動させ、威嚇・警戒の機能をもつと考えられている音を出す。

その音はけっして〝ガラガラ〟ではなく、ジーッ、ジーッという、ぜんまい仕掛けのオモチャのぜんまいがほどけるときに出るような音である。この音は、ガラガラヘビの場合は、脱皮して脱げてしまう殻が、尾部では脱皮の回数分残り、それらがこすれあって出る音である。

私は、カリフォルニアで採取?したガラガラヘビの尾を講義に持っていき、実際に尾を揺らして音を出し、

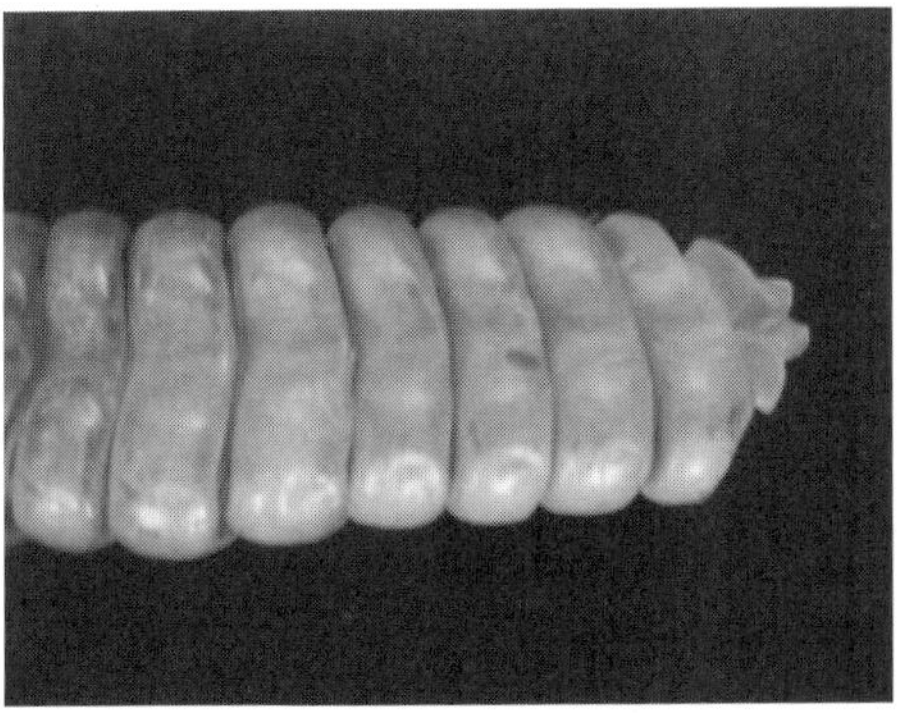

ガラガラヘビの尾。抜け殻が脱皮の回数分残っており、威嚇のときに、これをこすりあわせて音を出す

学生諸君に聞いてもらうことにしている。多くの学生が、感想用紙に「ガラガラヘビの音は、思っていたものとはかなり違って、意外だった」と書く。

オーイングズ教授たちはまだ直接の「出合わせ実験」をしてはいないが、穴フクロウが出すジーッ、ジーッという音は、ガラガラヘビの威嚇音への擬態であり、それによって、穴フクロウを捕食しようとして穴に侵入するイタチ類を思いとどまらせているのではないか、と考えている。

こういった理由で、私は、シマリスの幼獣による「カタカタカタ……!」も、イタチ類への威嚇効果があるのではないかと思ったわけである。

もちろん、子リスの「カタカタカタ……!」は、ガラガラヘビの威嚇音とはかなり異なる。そして、そもそもシベリアシマリスが生息する日本（北海道）や韓国、シベリアにはガラガラヘビはいないのだから、かりに子リスがガラガラヘビの威嚇音を出したとしても、効果があるかどうかはわからない。しかし少なくとも、オーイングズ教授たちの研究は、イタチ類が（真っ暗な）穴のなかからの音に影響を受けやすい可能性は示している。

そういった事情もあって、私は日本の動物行動学会で「カタカタカタ……!」について発表したとき、まず暗い部屋のなかでこの音声だけを参加者に聞いてもらい、何の音に聞こえましたか、と質問した。いろいろな動物を相手にしている人たちが集まっているのだから、ひょっとすると、「○×の音にそっくりだ」と教えてくれる人がいるかもしれないと期待したのだ。しかし残念ながら研究のヒントになりそうな情報はなかった。

ちなみに、この子リスによる「カタカタカタ……！」は、アメリカのシマリスでも、シマリス以外のリスでも、そのほかのげっ歯類でも、まだ報告されていない。

私は、ほかのげっ歯類（特にアメリカのシマリス）でも、子リスによる「カタカタカタ……！」が行なわれている可能性はあると思っている。もしかすると、アメリカのシマリスの幼獣は、「カタカタカタ……！」とはまた違った音を出すかもしれない。「ジーッ、ジーッ」だったりして。

すばらしい！　面白い！　あー、調べてみたい。

私のなかの狩猟採集人の心と、少年の心と、研究者の心（これは小さいが）が騒ぎ出す。すぐにでもアメリカに行って、調べてみたい。しかし、大学でお世話している動物たちのことを考えると、今〝海外遠征〟は難しい。私にしか世話ができないいろいろな動物が、大学や自宅にいるからである。

長々と寄り道したが、さて、研究室を訪ねてこられたきれいな女性とフェレットの話である。

もうおわかりと思う。フェレットに、イタチのかわりに手伝ってもらって、私が発見した子リスの「カタカタカタ……!」が、イタチ類に対して侵入抑制効果があるのかどうかを調べよう!というわけである。

フェレットだってイタチ類である。もしフェレットで侵入抑制効果が確認できたら、自然生息地で、実際にシマリスの巣穴に侵入して子どもたちを捕食するイタチ類に対しても効果がある可能性はぐっと高くなる。

もちろん問題もいろいろある。大きな問題は、野生のイタチなら、実験が終わったら「ありがとう、じゃあ!」と言って自然に返してあげればよいのであるが、フェレットは実験後もずっと世話をしなければならない。

しかし、そのときの私の心は、**子リスの「カタカタカタ……!」の秘密を知る可能性が少しでもあるなら、それをやってみたい**(フェレットの面倒を一生見ることになってもいい)、と思ってしまったのである。

もちろん、アレルギー喘息の息子のことも頭に浮かんだ。そしてもちろん、妻のことも。

でも、「フェレットは大学で飼うようにして家には連れて帰らない(家族には黙っている)」

「フェレットに触れるときは、手袋や合羽で全身を覆う」など、やり方を工夫すれば大丈夫だろう。（家族に感づかれることもないだろう。）

一瞬の間に、そのような判断を下した。結局は「実験してみたい」という気持ちが勝ったということだろう。

一呼吸置いて、決心して私は言った。

「あのー、今、あることを思い出しました。そのフェレット、私が譲りうけましょう」

その女性の顔に、はっと驚いたような表情が見てとれた。

「えっ、ほんとうですか」

私は言った。「私に心あたりがありますから」とかなんとか適当なことを。

そうして、その雌の子どものフェレット（名前はミ

その女性に教えられたミルクの飼い方は、学生時代に飼っていたときとはだいぶ違っていた

ルクといった。その女性がそう名づけておられた）は、私のもとへやって来た。

ミルクの飼い方については、女性の方から聞いてだいたいイメージは湧いていた。私がまだ学生のとき、フェレットを飼ったことがあるということは先に述べたが、そのときとはだいぶ違った飼い方をしなければならないと思った。


私が学生時代に飼ったフェレットは、イタチの研究をしていた大学院生から譲りうけた、というか、一時預かったというか、いずれにせよ二年近く飼った。一・五×二メートルくらいの大きなプラスチックの容器を屋外に置き、そのなかに雌雄のフェレット二匹を入れ、上から金網で蓋をして飼育した。（もちろん屋根もつけて。）

街の肉屋さんでニワトリの頭を安く買ってきて（自転車で買いにいくのだが、たまに〝私〟にも食べられる肉をただでくれたりして、研究の話も興味をもって聞いてくれたりして、優しいご夫婦だったなー）、毎日二匹に与えた。

そのうち、雌がなんと子どもを産んだのである。

イタチの交尾は、雄が雌の首を噛んだ状態で（もちろん傷がつくほどは噛まない）行なわれるが、フェレットも同じである。フェレットの雄が雌に、そんな行動を何度も試みていたのは

学生時代に世話をしていた親フェレット（❶雌、❷雄）が産んだ子どもたち（❸〜❻）
❹の子フェレットは幼いころから目がすわっていて貫禄十分だった

確認していたが、ある日、飼育容器のなかの巣箱から子どもたちの声が聞こえてきた。

驚いた。

しばらくして、三匹の子フェレットが外にチョロチョロ出てくるようになった。それぞれ個性があって、見るからに素直そうな顔の子どももいれば、半分ぐれたような、目のすわった貫禄十分の顔の子どももいる。もちろん、どれもかわいい。

私が引きとることになったミルクは、大学の飼育室の一角に置かれた大きめのケージのなかで、アカネズミやスッポン、ヤモリ、イモリ、ナマズからドンコまで多種の魚、ミツバチ（ゼミの学生が巣箱ごと飼育室に置いて研究している）、ドバト（翼の骨の問題で飛ぶことができず、やむをえず私が家で飼っているのだ

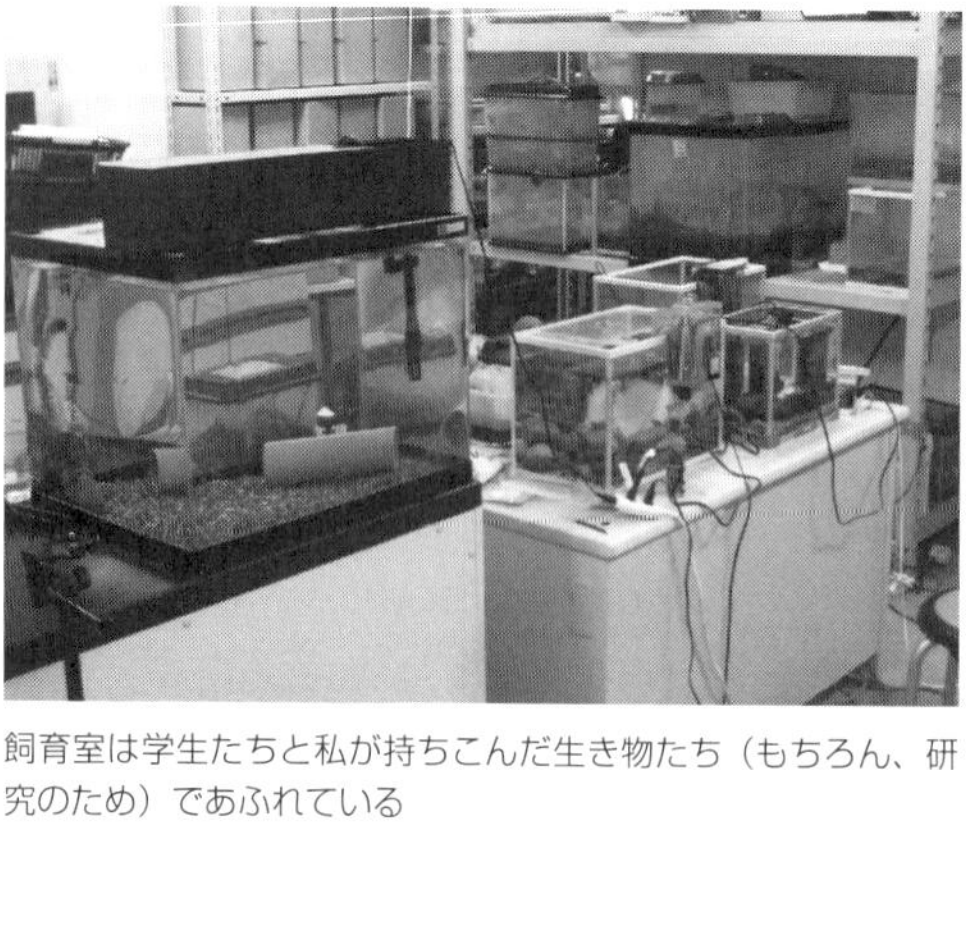

飼育室は学生たちと私が持ちこんだ生き物たち（もちろん、研究のため）であふれている

が、冬は温度の関係で大学に連れてきている。名前はホバという）などと一緒に飼うことにした。

ホバとミルクは、一日おきに外に出して運動をさせてやるのだが、一緒になると（両者は〝食う―食われる〟の関係で）まずいので、工夫がいる。

飼育室は、正確に言うと、少し広めの実験室と、その奥にある飼育室に分かれている。

どちらの場所にも学生と私の実験用の（それ以外に、実験用動物の採集のついでに学生が連れてきた）動物がいる。正直かなりにぎやかだ。（管理者の私としてはトホホホ……という感じ。）

ミルクとホバの飼育ケージを掃除するときは、ホバは実験室のほうに、ミルクは飼育室のほうに放して、二つの部屋の間のドアを閉めておく。

ホバは実験室で自由に歩きまわり、ミルクはミルク

飼育ケージの掃除をするときは、ホバは実験室へ、ミルクは飼育室へ放して、間のドアを閉めておく。「ハイハイ、ホバはあっち、ミルクはこっち」といった感じ

で、飼育室のなかで、悪さがすぎて時々私に叱られながら（もちろん本人は叱られたなどとはまったく思ってはいないが）、元気に走りまわっている。

　一度、ホバが、たまたま開いていた実験室から廊下に通じるドアを通って廊下に出て、事情を知らない〝通行人〟の方々を驚かしたことがあった。大学の、少し暗い廊下で、突然、ドバトがてくてく歩いてきたら誰でも驚くだろう。驚く声が、飼育室でホバとミルクのケージを掃除していた私にも聞こえた。


　ミルクはミルクで、子どもで好奇心いっぱいの時期でもあるし、とにかくいろいろなところをあさりまくるので大変だ。

　Yさんが実験に使っているアカネズミの飼育ケージにちょっかいを出してみたり、別なYさんが、実験の

好奇心旺盛なミルクは、時々悪さがすぎて私に叱られる。でも、本人は……叱られたと思っていない？　右はアカネズミに挨拶するミルク。アカネズミはたまったものではない

ために大切に飼っているヤモリの飼育道具をひっくり返したり……そのたびに私が掃除の手をとめなければならない。

やめさせるために近寄ってきた私を見てミルクは……喜ぶ。「やっと遊んでくれるんだね！」みたいなものである。私の靴に飛びかかって遊びに誘う。

はじめてミルクを発見した動物好きの学生たちは大変喜んだ。「かわいい、かわいい」と言いながら、膝に乗せたり、肩に乗せたりしていた。Ｉくんは、自分もフェレットが飼ってみたいと言い出した。

それを聞いて内心私は、**「これはいい」**と思った。

Ｉくんが、どの程度フェレットが幸せになるように責任をもって飼ってくれるのか、様子を見なければならないと思ったが、とにかく実験が終わったら誰か学

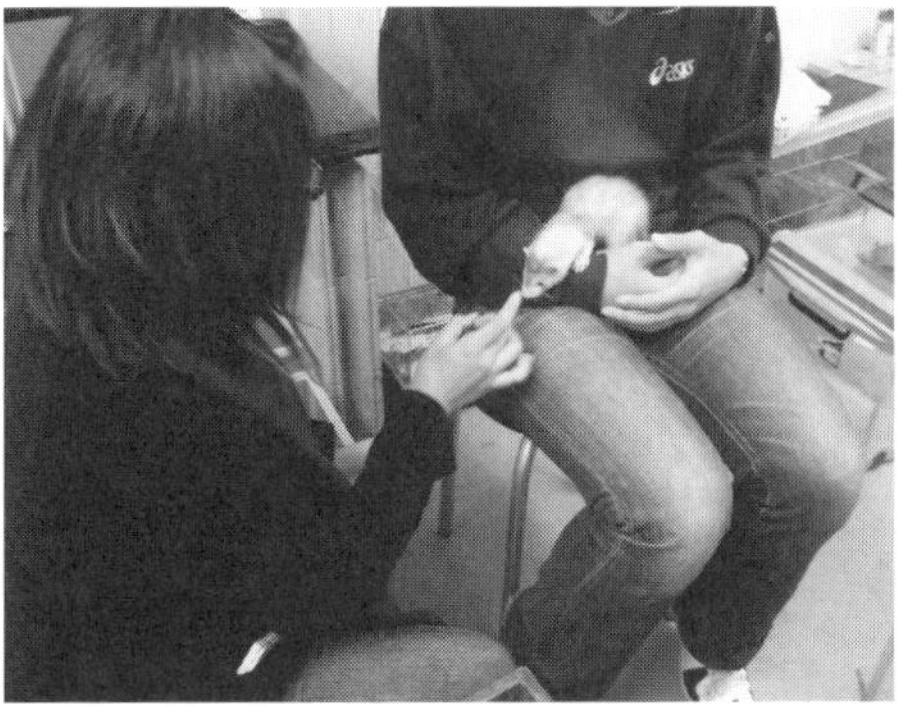

かわいいしぐさでゼミの人気者

生がもらってくれる可能性は高い。

実験のあとの世話を重荷に思いつつ、実験の欲求に負けてミルクを譲りうけた私としては、実験終了後、学生がもらいうけてくれることは理想的だ。（しかし、実は、その後ミルクと接するなかで、私の気持ちは大きく変化するのであったが……。）


その後少しずつわかってくるのであるが、ミルクは、ゼミのたくさんの学生にかわいがられたようだ。たとえば、私が、おかしくて噴き出しそうになりながらも感動した場面の一つに、次のようなものがあった。

Sくんは、鳥取県の多鯰ヶ池《たねがいけ》という、美しい池で増殖しているブルーギルという外来魚の食物を調べていた。ブルーギルは、本来の生息地である北米から日本に連れてこられ、日本の池や湖、田んぼの水路、河川で増え、日本固有の野生動物減少の原因の一つになっている魚である。

この魚は肉食魚と言われているが、これまでのいろいろな報告でも、Sくん自身の結果でも、胃のなかにはたいてい、少なからぬ植物（水草など）が見られた。「これらの植物が、ブルーギルが動物を食べるときにたまたま一緒に飲みこまれたのか、それともブルーギルは積極的に植物も食べているのか」という問題を調べたら面白いのではないかと話しあっていた。

　ちなみにSくんは、体が大きくがっしりしており、顔も体に合わせて男らしい、というか、強そうというか、いかついというか、やっぱりいかつい顔であった。話し方もどちらかというとぶっきらぼうで、私もSくんの愛すべき性格を理解するまでに少し時間がかかった。

　さて、そのSくんが、一一月の終わりのある日、岡山市であった企業就職説明会に、友だち数人と行ってきたらしい。（Sくんは三年生であるが最近の就職活動は、始まるのが早いのである。）

　その日の夜、私の研究室のドアを強めにたたく音がした。返事をすると、リクルート姿のSくんがドアを開け、あわてた様子で早口で言った。

・11月26日(水)
ミルクが自殺未遂
臭いが…。
うん、臭いよ

ある日、ミルクが水にはまって、さあ大変！

「ミルクが水にはまっていて、助けたんですが体が震えています」

といった意味のことを言った（らしい）。とにかく「ミルク」といったような言葉を繰り返している。

私は最初、Sくんが何を言っているのかよくわからなかった。何度か聞き返してわかったことは、「ミルク」と言っているのはどうもフェレットのことで、飼育室で何か水の入った容器のなかにはまってぬけ出せず、びしょぬれになっていて、Sくんたちがそれを発見して助けたというこどだった。体を拭いてやったがまだ少し震えている、ということだった。

私は「すぐ行く」と言って、飼育室に向かったのであるが、あのいかついSくんから発せられた「ミルクが」「ミルクが」という言葉が、Sくんの顔と交差しながら頭のなかを反響していた。

もちろん、ミルクの状態も心配であったが、まさかSくんの口から「ミルク」「ミルク」という言葉を聞こうとは思っていなかった。どう考えても、あのいかつさとはミスマッチだった。だけど一方で、Sくんはミルクのことを気にかけていて、びしょぬれになったミルクを心配して、数人の仲間のなかから率先して私のところへ知らせにきてくれたのだ、と思うと、Sくんの優しさが伝わってきた。（ちなみに、ミルクは大丈夫だった。）

実際、ミルクは、その容姿やしぐさ、行動などがとてもかわいい動物だった。ただし、それを感じてかわいがる自分や学生たちに、違和感のようなものを感じるのも確かだった。

私は、かわいいからという理由で、いろんな外国の動物を飼いたがり、服を着せたり、リボンをつけたりして世話する行為に大きな不安を感じている。

動物の心を思いやって大切につきあっていくということ自体は、大変よいことだと思うのである。しかし、動物によっては、その国で個体数が減少している動物であったり、逃げ出して日本で野生化し日本の生物に被害を与えたりする可能性があるものであったり、かわいらしさに慣れてくると粗末に扱うようになったり、また、われわれの生活の身近な自然のなかにいる、一見かわいくないような、また、小さくて目立たないようなたくさんの生物に対する繊細な好奇心や愛情（レイチェル・カーソンはそれをセンス・オブ・ワンダーとよんだ）が育たないと思うからである。

しかし、そんなことも承知のうえで、十分注意したうえで、目の前にいる、この愛すべきミルクを大切にしてかわいがることはいいことだ。

学生も私も、ミルクのどこがかわいいか、話をすることがある。

「あのあどけない顔」とか「小さな手」「こちらを遊びに誘うように、ピョンピョンはねる動作（これは多くの肉食動物の遊びでよく見られる狩りの動作であるが、ミルクのような子どもではその動作がぎこちなく、それがまたかわいい）」「飼育室の水槽と水槽の間などからヒョコッと顔を出すしぐさ」……あげればきりがないが、そんなところがみんなの口から必ず出てくる。

ちなみに、われわれホモ・サピエンスがある対象に対して感じる「かわいい」という感情には次のような適応的意義があると考えられる。

そもそも、**「かわいい」という感情は、その対象を保護するような行動をとらせるために備わっている脳の特性である。**（体に水分が欠けているとき、その個体に水を飲ませるために、喉の渇きという感情を感じさせるのと同じことである。）

小股で上体を揺らしながら行なわれる“ぎこちない歩行”は「かわいい」感情を生起させる

そして、その「かわいい」感情が、特に、自分の子ども（生きるために親からの援助を必要とする乳児や幼児）に対して強く感じられるようになっていることは、繁殖にとって重要不可欠なことである。つまり適応的である。

生きるために親からの援助を特に必要とする乳児や幼児の特性……それは、「顔全体のなかで口元が占める面積が小さく、額が広く、目および目の周辺の面積が大きい」ことであり、また、「体が左右に揺れながらぎこちなく這ったり、歩いたりする」ことである。

そして、先にあげたミルクの「かわいい」ところは、まさにこのような特性に合致するのである。（脳内の〝かわいい感受回路〟にフィットするのであろう。）

さて、前置きが長くなった。

ミルクも飼育室での生活に慣れてきた。いよいよ、子どものシマリス（これもミルクに勝るとも劣らずカワイイ）の「カタカタカタ……！」に対する実験だ。

ミルク、頼むぞ！

実験の準備は次のようにして行なった。

まず幅二〇センチ×高さ一五センチ（ミルクの体がギリギリ入れるくらいの長方形）、長さ五五センチほどの木の箱をつくった。両端は閉じられておらず、上面は、上からなかが見えるように透明のアクリル板にした。

そしてそれを薄暗くした飼育室の隅に置き、一方の端に、ちょうど木の枠にすっぽりはまる大きさのスピーカーを設置した。

そうしておいて、そのスピーカーの手前に、ビニール袋を敷いてその上にフェレットの餌(ミルクはまだ成獣ではないので、固形のフェレットフードを湯でふやかして、それを餅のようにもんで丸めたもの)を置いた。

そしてミルクをケージから出して飼育室に放した。

ミルクは、**「よーしっ」**とばかりに、例によってそこらじゅうを走りまわり、いろいろなも

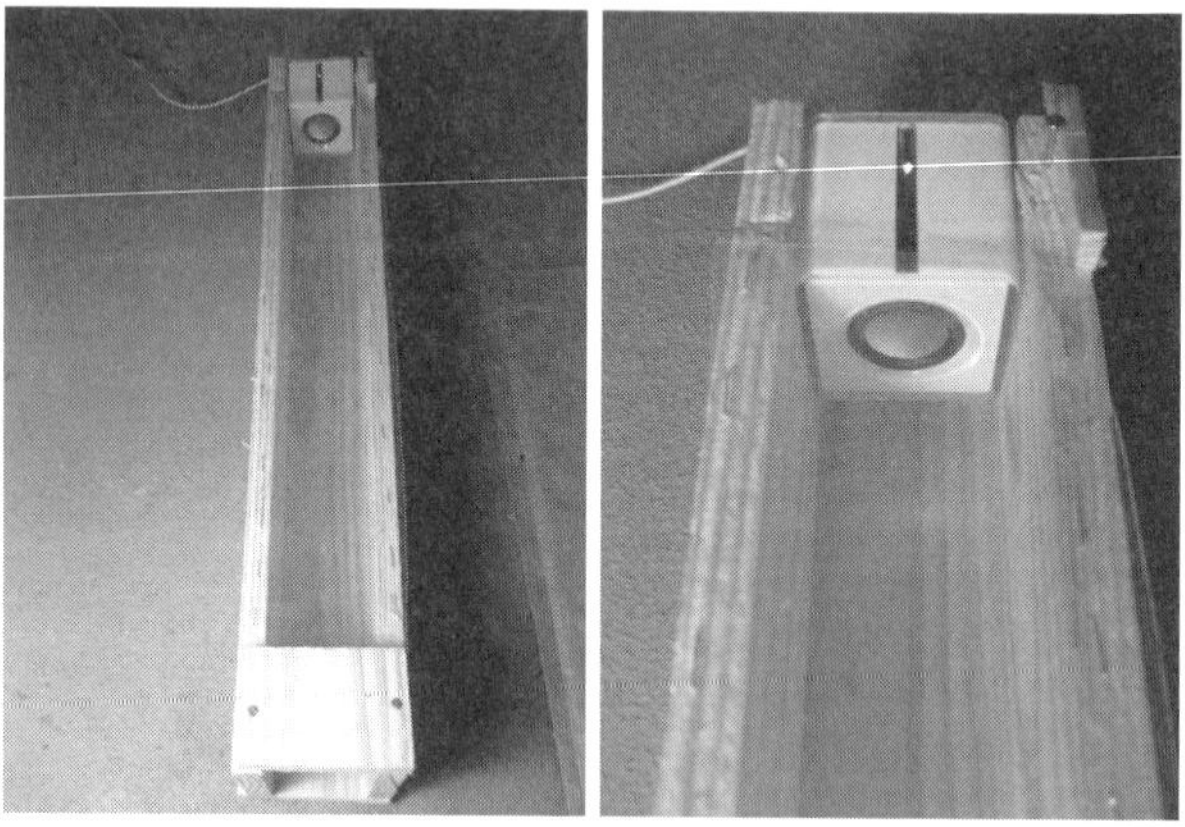

子シマリスたちの発声の捕食者に対する効果を調べる実験のための装置。シマリスの巣を模し、手前が入り口、奥にスピーカーが設置してある

のを物色したが、やがて新しく置かれた木の箱に興味を示し、なかに置いてあった餌のニオイにも引かれたのか、スピーカーとは反対側の入り口からなかに入っていった。（もともとウサギやネズミを餌にし、猟でもそれらの追い出しに使われていただけあって、イタチ類は穴のなかの探索を好むのである。）

木箱のなかに入ったミルクは、スピーカーの前の餌をナイロン袋ごと外に引っ張り出し、外でゆっくり食べた。餌のニオイのついたナイロン袋もさかんにかじっていた。（獲物を穴から外に出してから食べるのは、どうも、イタチ類の習性らしい。）

そんなことを二日に一回、計四回ほど繰り返すと、ミルクは、木箱のなかに餌があるのを覚えたのだろう、ケージから出されると、しばらく走りまわったあと、箱に入って餌をナイロン袋ごと外に引っ張り出し、外で食べるようになった。

これでいい。

いよいよ、子リスの「カタカタカタ……！」に対する反応を調べる実験の開始だ。

実験では、ミルクが木箱のなかに入り、餌のところまで到達したら（つまり、設定としては、巣穴から侵入して子リスがいる巣室に到達したところで）、木箱から離れた机の上に置いているパソコンを操作して、子リスの「カタカタカタ……！」という音声をスピーカーから流すのである。

私はパソコンを置いている机に寄りかかって、飼育室を走りまわっているミルクが木箱に入るのを、今か今かと待っていた。そしてほどなくそのときはきた。

木箱に入ったミルクの頭が餌のところまで来た。

今だ！

私はスピーカーから「カタカタカタ……！」を出した。

何が起こったか？

それはすばらしい瞬間だった。

ミルクは、餌もナイロン袋も噛むことなく、さっと後方へ身を引き、箱から外へ出たのである。

そしてもう一度、木箱に入ろうとして入り口に顔を入れたが、まだ続いていた「カタカタカタ……！」を聞いて、さっとあとずさりして箱から顔を出した。そしてもう一度同じことを繰り返したあと、木箱には近づかなくなってしまった。

ミルクの一連の行動はすべてビデオカメラに録画されていた。

やったー！

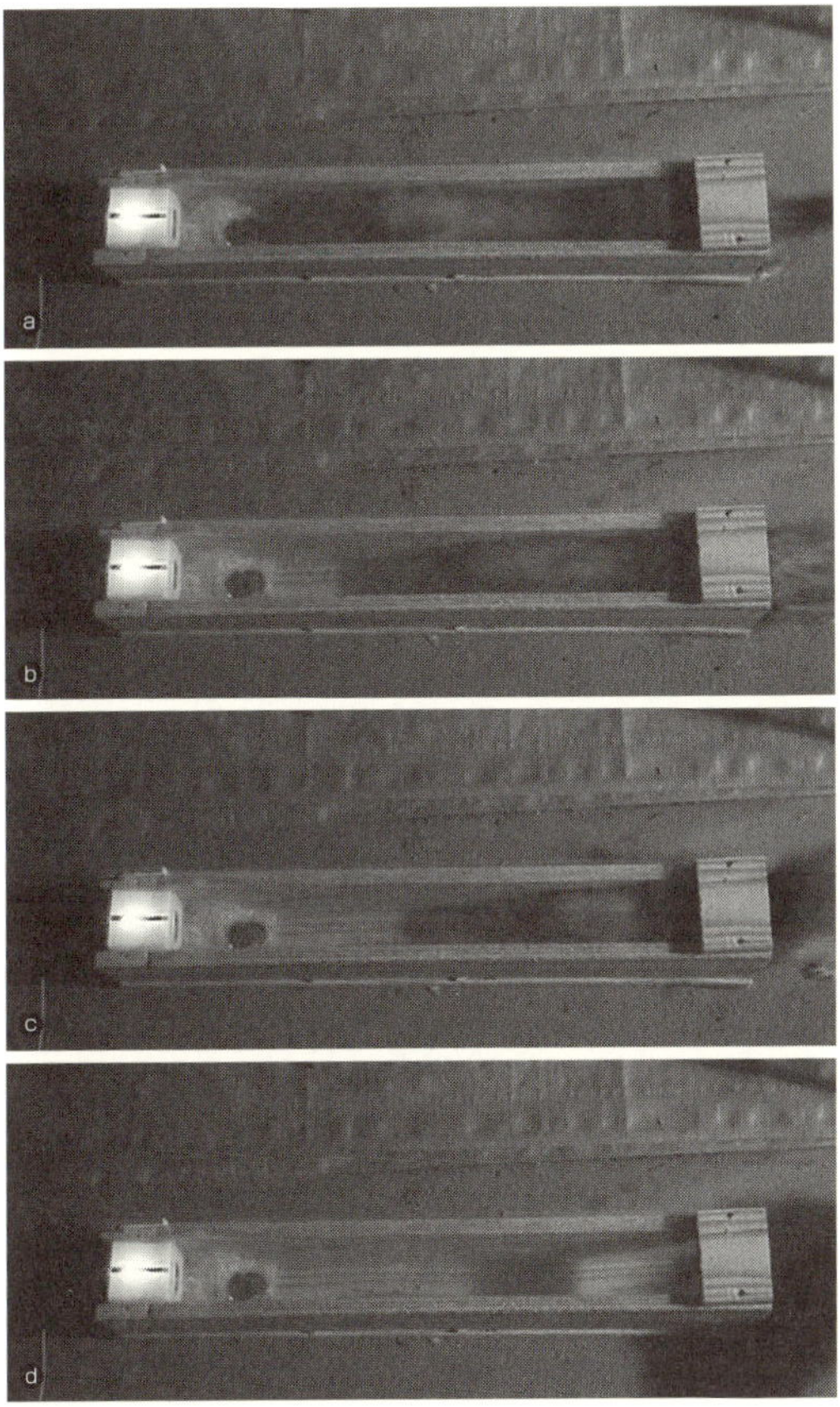

ミルクが木箱のなかの餌に到達したら、スピーカーから子リスの「カタカタカタ……！」という音を出す。すると、あわてて身を引き（ⓐ〜ⓒ）、箱のなかに入ろうとしなくなった（ⓓ）

一匹、二、三〇グラム程度の、まだ目も開かず、母親の乳を飲んでいる小さな子シマリスたちが、集団で必死に発する「カタカタカタ……！」が、（こちらも成獣とは言えないが、とにかく独り立ちの段階まで成長している）フェレットを退散させたのである。痛快なことではないか。

パソコン画面で「カタカタカタ……！」を発している子シマリスたちの映像も見ながら、私は幸福感に満たされていた。（これは世界中で私しか知らないことでもあるのだ。）

もちろん、これを学術的な研究にまで高めるためには、今後たくさんのことをやらなければならない。実験回数を増やしたり、複数のイタチなどを使った実験をしたり……。

しかし、私のこれまでの経験からすると、「カタカタカタ……！」の効果は本物だと思う。そのときかぎりの、ミルクという一個体だけの反応ではないことは、私の直感が語っている。（ほんとうのことを言うと、私の直感ははずれる場合のほうが多いのだが……、ここではかっこよくそのように言わせてもらいたい。最近、何かと落ちこむ出来事が続いているので……。）

そうだ、最後にもう一つ、やらなければならないことがあった。

Yさんの話によれば、Iくんは、私の実験が終わるのを待ち望んでいるという。終わったら自分がミルクを引きとって飼いたいと思っているらしい。そのIくんに言わなければならない。

Iくん、すまない。これからも私がミルクを飼うことにした。私が。

これからまた私がミルクで実験しなければならないことが出てくるかもしれないし、ほら、Iくんはまだ学生で、学生の本分は勉強だし、Iくんはスナヤツメ（という絶滅危惧の指定をされている魚）で卒業研究をやらなければならないでしょ。ミルクのことで気を散らしたりせず、そういった学生本来の活動に精一杯挑戦してほしいのである。

私はゼミの学生たちが、必ずしもよいデータが出なくてもいいから、それぞれの研究テーマに一生懸命取り組むことを通して、人間としても成長してほしいと願うのである。

この話題はこれくらいにして、ミルクを研究室に持ってこられた女性の方（名前もお聞きしておりませんが）、もしこの本を読んでおられるとしたら、こういう事情ですので、なんというか、多少、私の言葉にも厳密性が欠けていたというか、結果オーライというか……いずれにしろミルクは、学生たちにもかわいがられて、元気でやっていますので。

張りぼての威厳をかけた
ヤモリとの真夜中の決闘

「Yさんお帰り。ヤモリの世話？　もちろん楽勝だったよ」

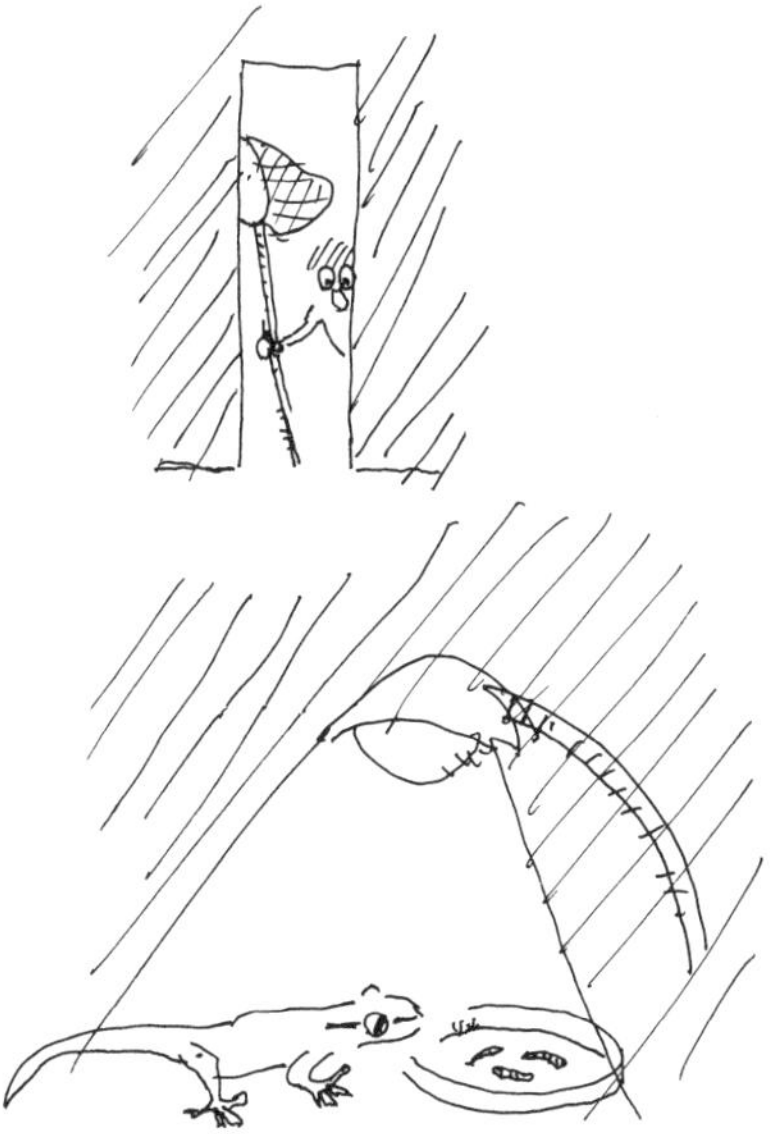

二〇〇八年の九月の初めごろだった。私のゼミの学生のYさんから電話がかかってきた。「明日からオーストラリアに行くのでヤモリの親と子の世話をお願いします」という内容だった。二～三日に一回、ミールワーム（肉食性の爬虫類などのペットの餌としてよく売られている虫で、甲虫の幼虫だと思われる）と水をあげればいい、という簡単なことだった。

鳥取環境大学の、私が所属する学科では、学生は三年から一人の教員のゼミに所属し、ゼミごとに、「プロジェクト研究」（卒論のようなもの）を始める。

私のゼミの学生は動物をテーマに選ぶ人が多く、実験室や飼育室は、動物が暮らす容器でいっぱいになっている。私の研究室も動物の飼育容器でいっぱいなので、学生たちにはあまり何も言えない。

でも、魚好きのYくんが、田んぼの水路で捕獲したという大きなナマズを、これまた大きな水槽（一メートル×〇・七メートル×高さ〇・六メートル）に入れて、実験室の中央の机の上に、どーんと置いたときには、さすがに困った。先輩たちも〝実験室〟として使っているのだから、実験用の机の上に、**ドーンはちょっとマズイ……**。

Yくんに事情を話すと、「そうですね。すいませんでした」と言ってすぐに、その水槽を机からどけた。（Yくんを弁護するわけではないが、Yくんはほんとうに素直な青年である。お世辞ではない。）

でも、その水槽の行く先は……、先輩たちが実験用具を置いている棚の上だった。（大きな）水槽の場所を確保するため、先輩たちの実験用具は、まとめて床に積んであった。

うーーん。

そんなことが、各種の魚や、カスミサンショウウオなどの両生類、スッポンなどの爬虫類をめぐって起こる。

「私が水槽に入れていた温度計がなくなった」（アカハライモリの呼吸回数の性差を緻密な計画で調べていたMさん）

「おれが机の上に置いていたニオイ消しがなくなっ

飼育室や実験室は、学生たちが研究のために飼育している動物たちでいっぱいだ。それにともなう騒動も多々起こる

た」（外来魚であるブルーギルの胃の内容物を調べていたSくん）
「ぼくが買って置いていた高価な餌を誰かが使っている」（多くの学生と私）
大学の、緑化された屋上で、養蜂を試みているHくんは、コロニーの個体数が少なくなって、寒さへの耐久力が落ちたミツバチたちを飼育室に持ってきた。（かくいう私も、冬は、飛べないハトやカヤネズミ、フェレットなどを飼育室に移動させる。）
とにかく、あんなこんなで、実験室や飼育室は、落語の〝長屋の熊さん、八つぁん〟の世界である。落語では、「おあとがよろしいようで」で終わりになるけれども、私のゼミでは、〝おあと〟はない。

ところで、学生のなかには、八月、九月の、講義がない期間に故郷に帰省する人がたくさんいる。私は「どうしても必要なら、私に言ってくれれば世話するよ」と、ゼミの学生たちに伝えている。どうせ、私が飼育している動物たちの世話をしなければならないのだから、そのついで、みたいなものである。

そういうわけもあって、Yさんから電話があったときも、もちろん二つ返事で引きうけた。

「日本のヤモリのことは心配せず、オーストラリアの自然をこころゆくまで満喫してきなさい」などと言ってあげた。

読者の方には、実に優しい教員のように映るかもしれないが（実際、ある程度はそうなのだが）、実は、私は心のなかで、

「おーしっ、やったー―」

と喜んでいた。

というのは、Yさんがオーストラリアに行っている間に、私は、Yさんが実験用に飼育しているヤモリから産まれた子ヤモリで、やってみたい実験があったのだ。Yさんは、生まれた子ヤモリを大切に育てており、それは、Yさんが日本にいるかぎり、私にはちょっと言い出せない願いだったのだ。

話は変わるが（ヤモリのことを書いていて急に思い出したのだが）、学生たちは、イモリとヤモリをしば

Yさんが大事に飼っている子ヤモリ

しば混同する。というよりも、イモリもヤモリも、実物を知らない学生が多い。

私は講義のときに、私が保全に取り組んでいるアカハライモリやスナヤツメ、ホトケドジョウなどを時々教室に持っていって、それらの動物（本物）を、カメラを通してスクリーンに映し（そういうことができる機器を、わが大学では〝提示装置〟とよんでいる）、解説をすることがある。（受講人数が二〇〇人前後と多いので、提示装置で見せるのがいちばんよい。講義室の前には、大きなスクリーンが常備されている。）

講義が予定より前に進みすぎているときなど、そうやって帳尻《ちょうじり》を合わせるのである。（ちなみに、そこでいちばん大切なことは、その行為が、いかにあらかじめ予定されていた行為であるかのごとくしゃべるか、である。）

先日も、講義の進度を少し抑えておかなければならない状況に陥った私は、講義の前に「よし、今日はアカハライモリに助けてもらおう」と思い立ち、準備を始めた。でもすぐに思い直した。というのは、前々々回くらいにも手伝ってもらったことを思い出したからである。

前回は、思いきって、講義内容の一つであるES細胞（臓器医療の分野で注目されている、さまざまな臓器の細胞になる能力をもった細胞。胚性幹細胞ともよばれる）の説明を長引かせるために、フェレット（ケナガイタチを家畜化したイタチ科の動物）を持っていったし……。

フェレットはもちろん、提示装置の上でじっとはしていない。レンズをなめたり、お仕事中の私の手に、〝遊んでくれるのか！〟とばかりに噛みついてくる。（もちろん〝甘噛み〟という遊び用の噛み方であるが。）おかげでかなりうまく時間を調節することができた。

「よし！　やむをえない、緊急時だ。今回は、私が今まさに研究をしているアカハライモリの子どもに手伝ってもらおう」と決めた。

アカハライモリの子どもは、以下の二つの理由で、私にとって、〝切り札〟みたいなものである。

①アカハライモリの子どもを見たことがある学生は、まず、いない。（そして子どもはとてもかわいい。）

②アカハライモリの子どもの研究は、アカハライモ

こちらはアカハライモリの子ども

リの保全にとって欠かすことのできない研究であるにもかかわらず、その生活はほとんど知られていない。（今その研究をまさに私が行なっている。）

かなりな〝時間つなぎ〟になるはずである。

私は、研究室にいるアカハライモリの子どもたちを、講義室に運ぶための準備をしつつ、頭のなかでは、今日の講義の話題とどのように無理なくからませてしゃべるか（あらかじめ予定されていた行為であるかのごとくしゃべるか）を、素早く考えた。（時々、われながらごまかしの天才だなーと思うことがある。いや、今の発言は取り消す。実は、頭のほんとうの深いところでは、「講義内容の芯はぶれてはいけないが、こういうドタバタは、講義に緊張感をもたらし、学生の学習の効果を上げる」ということを計算したうえで行なっているのである。）

アカハライモリの子どもを持っていって提示装置で見せると、「かわいい」という声をあげる学生もいる。そして、私は、落ち着いた低くゆっくりとした声で、予定通りの行動であるかのような装いを力いっぱい漂わせながら、話を始めていく。しかし、気がつくと、（それは子イモリの場合にかぎらず、どんな〝時間調節〟動物のときもそうなのだが）本来の目的もなにもかも忘れて力をこめて話をしている自分に気づく。

ところがである。イモリを見せた講義のあとに提出してもらった感想・質問の用紙には、次のような記述が必ず入っている。

たとえば、「講義の前半での先生のお話から、野生動物の保全がいかに大切かよくわかりました。私はヤ、モ、リ、に大変関心が湧きました」「クリクリっとしたかわいい顔で、小さくて、もみじの葉のような手をもったヤ、モ、リ、が、とてもかわいらしかったです」などなど。

ヤモリではなーーーい！　イモリだーーーー！

という気分である。

そんなとき私は、自宅の周りからヤモリをとってきて、イモリと並べて、いつもの提示装置で学生に見せる。そして両者の違いを簡単に説明する。

ヤモリはヘビやトカゲやカメと同じ爬虫類。両生類であるイモリのように水に入ることはありません。卵も、ヤモリは、ほかの爬虫類と同じように、陸上に殻で覆われた卵を産みます。イモリは、カエルと同じように、水中に透明のゼリーに覆われた卵を産みます。

爬虫類である**ヤモリの尿は、チューブから出した歯磨き剤と同じような、白色の、ねっとりとした半固体状ですが、イモリは、われわれ哺乳類と同じ液体の尿をします。**それは、生きるために必要なエネルギーを得るために、アミノ酸を呼吸で分解したときにできてしまう有害物質アンモニアを無害な分子に変えるとき、爬虫類や鳥類では尿酸に、両生類や哺乳類では尿素にするからです。尿酸は水に溶けにくく、白色の半固体状になります。

大根を濃い塩水に漬けておくと大根から水分がしぼり出されてたくあんのようになりますが、もし、一定期間殻のなかに閉じこめられて成長する爬虫類の胚が、水に溶ける尿素を排出すると、濃い塩水と同じ作用をし、胚から水がしぼり出されて死んでしまうからです。

ヘビの本物の尿や、イモリやヤモリの写真を持っていくこともある。

そして最後に、名前の違いをはっきり認識してもらえるように、次のように言う。

基本的に、ヤモリは人家の周辺でないと生きられない動物で爬虫類で、昔の人は家を守ってくれると考えた。だから「家守り《ヤモリ》」だ。イモリは、春から秋にかけて水中にいるから、井戸のなかにイモリを見た昔の人が、井戸を守ってくれると考えたのかもしれない。だから「井守り《イモリ》」だ。

そう言うと、学生たちはなるほどという顔をしてくれる。

さて、Yさんの話にもどるが、Yさんは、なぜか知らないが（理由を聞いたが、本人もよくわからないという。動物が好きな人の場合、そういうことはよくあることだ）、とにかくヤモリが大好きで、三年生のプロジェクト研究でヤモリの研究がしたいと言った。

私は、プロジェクト研究のテーマを決めるとき、一人ずつ何回か面談をするのであるが、できるだけ本人のやりたいテーマを尊重するようにしている。そして、それが研究として成立しうるような方向へと導く。

Yさんには、「ヤモリのことがしたいならそれはとてもいいことだ。面白い動物だから是非やりなさい」と言った。続けて「でも研究だから、何かテーマをしぼってやらなければならない。具体的にどんなことが調べたいのか、次の面談までに考えてきなさい」

そしてYさんが考えてきた〝具体的な〟テーマは、次のようなものだった。

われわれがよくヤモリを見るのは、夜の、明かりのついた部屋の窓だろう。ガラス窓や網戸にピタッとくっついて、蛾などを食べている。Yさんにとっても、それがなじみのあるヤモリの情景だったのだろう。

「ヤモリが夜、家の明かりがついている窓に来て（虫がいないときでも）、虫が来るのを待っているのは、ヤモリがその場所を位置として学習しているのか、それとも明かりを学習してそれを目印にしてそこへ来るのか、を調べたい」

つまり、後者のような理由でヤモリがその窓に来るのであれば、いつもの場所より離れた部屋の窓に明かりをつけたら、ヤモリはそちらのほうへ来るだろうし、もし前者の仮説のように位置を学習しているのであれば、いつもの窓に明かりをつけなくても、適当な時刻になればその窓に来るだろう、というわけである。そしてそれを実験室で飼育しながら調べてみたい、という計画だった。

それを聞いたとき、**正直、私は頭のなかで〝頭を抱えた〟**。Yさんの気持ちはよくわかるのだけれど、そのテーマには大きな問題が二つある。

①確かにヤモリは、明かりか位置のどちらかを、より重要な記憶の手がかりにしている可能性はあるが、たぶん、その重要性は、実験ではっきり確かめられるほど偏ったものではないと思われる。つまり、ヤモリは、位置の記憶や明かりの存在などを総合的に判断して虫を待つ場所を決めている可能性のほうが高い。さらに、位置や明かりの存在以外にも、そこに虫がいるのが見えたから、といった理由が、場所を決める要素になっている可能性もある。

②いずれにしろ、屋内で、そういう問題を調べられる実験の装置や設定を準備するのは、かなり難しい。たとえば、飼育容器が小さすぎたら、ヤモリは飼育容器全体を動きまわり、虫が

どこにいようが、とにかく動いている虫をねらって飛びかかるだろう。（これは、そういった実験をいろいろとやった経験がある人間でないと予想できないことなのであるが……。）

しかし次の瞬間、私はこう考えた。

「そのテーマをやろうとしたらYさんは、ヤモリを長期間飼育しなければならなくなる。飼育容器の準備から、餌の調達、実際の餌やりや水やり、水や隠れがなどの〝内装〟の整備など……。私の経験からすると、ヤモリを飼うのは結構面倒なことだ。Yさんは、そのためにかなり努力をしなければならないはずだ。その努力のなかで、ヤモリをめぐるいろいろなことを学んでくれるはずだ。そしてそのなかで、実験の難しさも理解し、テーマをもう少ししぼってくるかもしれないし、地道に飼育するなかで別のテーマを見つけるかもしれない。そのあたりの様子を見ていて、私が声をかけたらいい。それに、なによりYさんはやる気になっているのだから、ここはその気持ちを伸ばしたほうがいい」と。

（そういう深い思索をへたうえで）私は、「よし、じゃ、そのテーマで頑張ってみなさい」と言った。飼育する場所や、とりあえずの飼育容器などについてYさんが私に二、三質問した。それについて私が答えて……Yさんのプロジェクト研究は始まった。Yさんは、「ハイッ！」と言って研究室を出ていった。

その後しばらくして、私の携帯電話に「飼育容器の蓋はどうしたらいいでしょう」というYさんからの電話があった。飼育容器の蓋は透明でなければならない。「ガラス屋さんに行って、容器に合う大きさのガラスを切ってもらったらいい」と答えた。(透明のアクリル板でもよかったのだが、飼育容器が一辺八〇センチくらいあり、大きかったので、ガラスでなければ中央部がたるんでしまう可能性が高かったのだ。)

さすがにYさん、やる気があるなーとうれしかった。

「飼育には苦労するだろう」という予想は、最初からはずれた。

Yさんは、季節の関係でヤモリを集めるのに最初苦労はしたものの(Yさんがヤモリの採集に取りかかったのは四月の終わりごろだった)、ヤモリが見つかり出すと、あれよあれよという間に、ヤモリにとって居心地がよさそうな飼育場所をつくってしまった。ヤモリの特性を考えて石や瓦などを重ね、さまざまな高さの隙間をたくさんつくっていた。生きた植物も鉢ごと入れていた。

私が以前、飼育したとき苦労した餌も、Yさんは、ミールワームであっさりとクリアーしてしまった。Yさんのヤモリたちは、ミールワームを食べて見るからに健康そうに育っていった。

水の与え方も感心した。霧吹きで水を吹きかけ、飼育容器の壁面に水滴をつくっておけば、ヤモリが適当にそれをなめるのだという。野生状態のヤモリは、朝露などの結露した水を飲んでいるのだろうから、理にかなったやり方である。

そうこうしているうちに、あるとき、廊下で出会ったYさんが私に言った。

「先生、ヤモリが卵を産みました」

ほーっ、そうか。それはよかった。卵を産んだということは、その動物が健康に生活しているということだ。どんな卵なのだろうか。

私は、それまで、爬虫類の卵としては、アオダイショウの卵や、イシガメの卵、カナヘビの卵などは見たり触ったりしたことはあったが、ヤモリの卵は一度も見たこと

上は、イシガメとその卵。かなり大きい。下は、カナヘビとその卵。一度に3〜5個産む。大きさはイシガメの卵の4分の1程度

がなかった。

Yさんの話によると、ヤモリの卵は、少し変わっているという。**「板の裏側に二個、くっつけて産んでいました」**とYさんが続けて言った。

板の裏側にくっつけて二個？　ちょっと私には想像がつかなかった。

その卵をまじまじと見たのは、その日の夜だった。飼育室は、教員の研究室がある建物の一階で、建物から外に出るドアの近くだった。帰宅するつもりで一階まで下りてきたが、ヤモリの卵のことは忘れてはいなかった。

Yさんは、板の裏に産みつけられた卵を、板ごと、親ヤモリたちの飼育容器から卵専用の容器に移していた。上にはしっかりとプラスチックの透明な板がかぶせてあり、ガムテープまで貼ってあった。

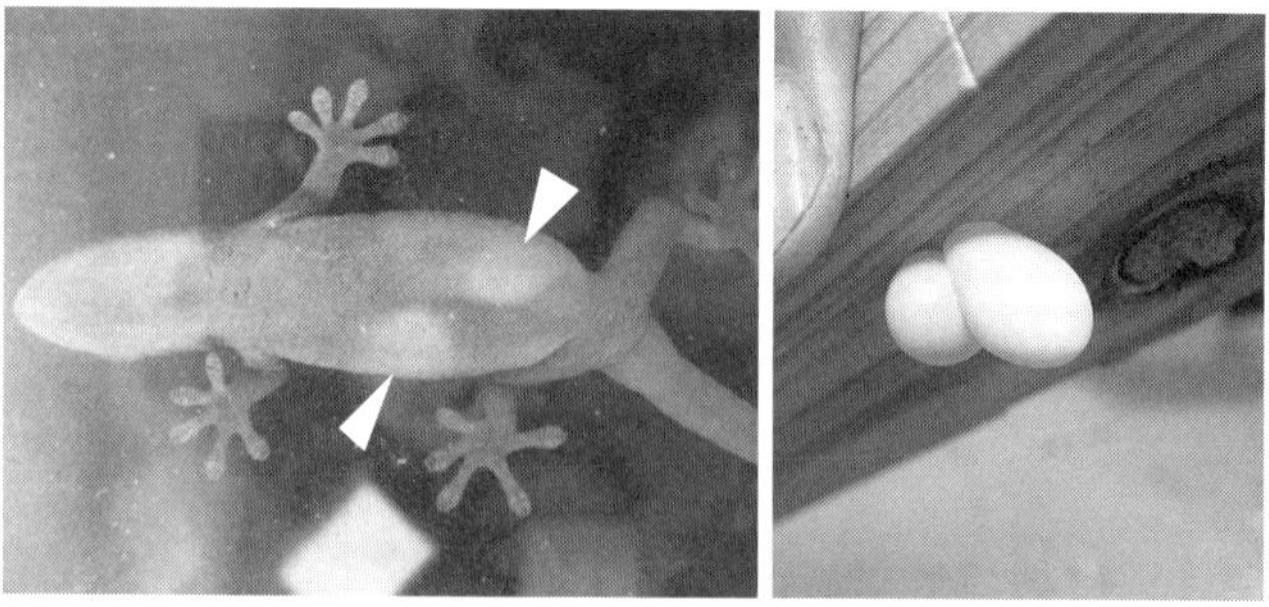

左は卵を産む直前のヤモリ。腹側から見ると腹のなかの2個の卵が矢印のところにうっすらと見える。右は、板の裏に産みつけられたヤモリの卵

「Yさん、ちょっと見せてよ」と心のなかで言いながら、そっと蓋を開け、なかの板を持ち上げて裏側を見てみた。

なるほど。

Yさんが言った「板の裏側に二個、くっつけて産んでいました」……納得した。

あとで調べてみると、確かにヤモリ（正確にはニホンヤモリ）には、覆いの下に、二個くっつけて産む習性があるのだという。

ヤモリの卵は、形といい、色合いといい、カナヘビの卵とよく似ているなーと思った。違いは、大きさと一回の産卵数だろうか。カナヘビは、ヤモリより少し小さい卵を一度に全部で三～五個産む。（卵はヤモリのようにくっついてはいない。）

それからもう一つ大きな違いがあった。それは、卵の〝殻〟の性質である。カナヘビの卵の殻は弾力性があって、水分を吸収すると膨張する。殻が水を吸った卵を、固い床に落とすと、卵はバウンドする。一方、ヤモリの卵の殻は、比較的薄いうえ、固く、もし床に落ちたらすぐ割れてしまうだろう。

おそらく、これらの〝殻〟の特性は、親が卵を産む場所と深く関係しているのだろう。

つまり、カナヘビの場合、草むらのなかの地面に産むので、雨が降ると卵は水にぬれる。本来、卵の殻には、なかの胚の呼吸のために小さな穴が開いている。カナヘビの場合、もし水が殻を通過して、なかの胚が成長している場所まで達すると、胚にとっては危険である。だから、殻が水を適度に吸収するような弾力性のある構造になっているのであろう。地面にあると、何かがぶつかることもあるので、殻が弾力性を備えているのかもしれない。

一方、ヤモリの卵は、雨などが直接当たらないような〝覆いの裏側〟に産みつけられる。卵は〝覆い〟にしっかりと固定されており、大きな衝撃が加えられないかぎり、落ちることはない。だから、殻は、カナヘビの場合のような、弾力性のある、水を吸収するような構造にはなっていないのではないだろうか。

私は、そのとき、そういった**ヤモリの卵の特性を十分見ぬいていなかったため、あとでYさんに、間違ったアドバイスをしてしまうことになる。**

それは、Yさんが数日後、「先生、また、卵が二個産みつけられていました。今度は飼育容器の壁面です。ほおっておくと危ないので卵専用の容器に移したいのですが……」と、たずねてきたときだった。

様子を聞くと、卵は一回目と同じような状況だ。

私は、ヤモリの卵の状態を思い浮かべながら（一回目は板に産みつけられていたが、今度はプラスチック容器の壁面だ。その違いだけを想像でカバーしながら）、次のようなアドバイスをした。

「卵が壁面に接着している部分は、親ヤモリの体内から出た何らかの分泌物が固まった状態だと思われるから、カミソリのような、薄くて鋭利なもので接着部を削《そ》ぐようにすれば、二つの卵を壁からはずすことができると思うよ」

このアドバイスは、卵の殻が、薄くてパリパリしたような性質であることを十分認識していない人間のアドバイスであった。**Yさんは、私のアドバイスを信じて実行し、その結果、一方の卵の殻が一部割れてしまったのである。**

飼育室に行ってみると、殻の一部が割れてむき出しになった卵の乾燥を防ぐため、二つの卵を密閉するように、透明なカップがすっぽりとかぶせてあった。私は感心すると同時に、Yさんに申し訳なく思った。もちろんYさんは、私のアドバイスのミスをいちいち気にするような人物ではなかった。でも、心なしか、私の「張りぼての威厳」というか「竹光《たけみつ》の刀」というか、そんなものに気づきはじめたきらいがあった。

ヤモリの飼育についても、**卵の入った水槽の蓋の周囲のテープが今までより厳重になった**ような気がした。私はそれまで、数日置きに、ヤモリの卵がどう変化したかを見るのを楽しみにしていたのだが、それができにくくなった。お気に入りのオモチャの一つを取り上げられた子どものようなものである。

そして、やがて、隔離されていた（最初に産まれた）二個の卵が孵化《ふか》し、二匹の子ヤモリが誕生した。容器のなかをちょろちょろ動き、なかなかかわいい子どもたちだ。

ちなみに、ゼミの研究の中間発表のとき、Yさんが、孵化した子どもの性別に触れて、次のようなことを言った。**ヤモリの子が雄になるか雌になるかは、**卵が細胞分裂を繰り返して胚になり、さまざまな器官が形成されていくときの**周囲の〝温度〟によって決まる。**具体的に言うと、その〝温度〟が、摂氏三〇度を超える比較的高い温度や、二〇度を下まわる低い温度の場合、雌になる場合が多くなり、中間の温度では雄になる割合が多くなるという。

へーッ、私も知らなかった。

このような、胚の発生における温度が子どもの性別を決定するという現象は、ウミガメやワニでも知られており、ウミガメの場合は、三〇度付近を境にして、それより高ければ雌、低ければ雄の割合が増えてくることが知られている。（だから、地球温暖化が性の割合を狂わせてしまい、絶滅の危険性を増すと心配されているのだ。）

身近にいるヤモリでもそんな性決定の仕組みがあるのか。だとしたら、飼育室で孵化した二匹の元気のいいヤモリは、二匹とも雄の可能性が高いということか。


Yさんは、孵化した子ヤモリのために、水槽の床に砂や石を入れ、子どもたちが外に出てしまわないように、蓋の周囲のテープをさらに厳重にし、子ヤモリを大切に飼いはじめた。

そんなときである。冒頭に述べた、Yさんからの電話があったのは。

子ヤモリに餌をやらなければならないのだから、場合によっては、子ヤモリに触れなければならないときもあるだろう。触れるということは、もう実験するのとほとんど同じことではないか。つまり、Yさんに餌やりを頼まれたということは、お互いにはっきりと口に出しているわけではないが、実験もOKと確認したと言えなくもない。

ちなみに、私が子ヤモリを使って行なった実験の内容については、今回は秘密にさせていただきたい。（いつか例数を増やして実験し、正式に発表したいと思っている。アイデア自体が実にすばらしいのだ。）

それよりも問題は、こともあろうに、実験中に、**子ヤモリが一匹、実験装置から外へ移動し、**

飼育室の洗面台の後ろの隙間のなかに歩いていったのである。（子ヤモリが、逃げてしまった、という言い方もできるかもしれない。）実験がうまくいったので喜んで、つい油断したのだ。

ライトを持ってきて隙間を照らすと、奥のほうに、壁にへばりついている子ヤモリが見えた。もちろん見えたといっても、どうすることもできない。洗面台を動かすこともできない。

いずれにしろこれは大変なことだ。

一度〝卵の殻割り事件〟で、Yさんには、張りぼての威厳のほつれを見られてしまった私である。というか、信頼を裏切ってしまった私である。子ヤモリを大切にしていたYさんが帰ってきたとき、

「ごめん、子ヤモリが逃げちゃったのよ」

なんてとても言えない。さてどうしたらいいだろう。予定では、Yさんは、あと四、五日で帰ってくるはずだ。

とりあえず、飼育室のなかを暗くして、私はその場で（パソコンで少し仕事をしながら）じっと待つことにした。もしかすると子ヤモリが、セマイトコロハツカレルヨ、とかなんとか思って、外に出てくるかもしれない……。

しかし、ヤモリにとって狭いところは安心できる場所である。いくら待っても出てこない。

ジットマチ作戦、失敗。どうしたものか……？

と、そのとき、ある考えが頭に浮かんできた。

それは、Yさんが私との面談で調べたいと言った、ヤモリについての〝具体的な研究テーマ〟である。つまり、「ヤモリが夜、家の明かりがついている窓に来て（虫がいないときでも）、虫が来るのを待っているのは、ヤモリがその場所を位置として学習しているのか、それとも明かりを学習してそれを目印にしてそこへ来るのか、を調べたい」というものだ。

窮地に立たされて、私は、こう考えたのである。

Yさんの計画には、先にも述べたようにいろいろと問題がある。しかし、ヤモリがよく、闇のなかで窓のような明るいところに来て、蛾などの動物を捕獲しているのも事実である。そのときヤモリが、「どんなことに引かれてそこへ来るのか」、また「どんな学習をしてそこへ来るようになるのか」はさておき、いずれにしろヤモリは、「闇のなかで、明るい場所があり、適当な大きさの虫が動いていたら、そこへ寄って来るようになる」傾向をもっているのではないだろうか。（ひょっとすると、家守《ヤモリ》りは、人間の家の周辺に生息するようになってからの長い時間のなかで、〝闇のなかの家の明かり〟に引きつけられるような習性を獲得したのかもしれない。）**それにかけてみよう。私はそう思ったのである。**

飼育室は夜の六時に真っ暗になる。その後、洗面台のそばの床の一部に、スタンドライトで光を当て、そこに小さめのミールワームが入った透明容器を置いておくのである。容器の壁は低くし、内面にはYさんがやったように、霧吹きで水を吹きかけておいた。

私は、夜、飼育室の外の部屋で仕事をし、頻繁に、かつ、そっと、飼育室のなかをのぞく。（片手には、しっかりと虫取り網を握って。）もちろん、ミールワームがいる〝闇のなかの明かり〟に、子ヤモリが来ていないかどうかをチェックするのである。

一日目の夜、ダメ……。

しかし、翌日出勤して、ミールワームの容器を調べると、ミールワームの数が減っている！私が帰ってから、ここへ来て食べたんだ。ガゼン、元気が出てきた。

二日目の夜、ダメ。

午前二時くらいまでねばったが（おかげで仕事ははかどった）、子ヤモリはミールワームを食べなかった。翌日出勤して容器を調べたら、ミールワームは一匹も食べられていなかった。うーーん。まー、子ヤモリにもいろいろと事情もあるのだろう。食欲がない日もあるだろう。ここはよいほうに考えよう。

そして三日目の夜。

仕事ののぞき（あるいは、のぞきの合間の仕事）を開始して、あまり時間は経過していなかった。あまり期待せずに飼育室のドアを少し、そっと開けてみると、前方三メートルほどの、暗闇の明かりのなかに、子イモリは（間違えた。子ヤモリは）……いた。容器のなかで、ミールワームをねらっているような様子だった。

ここからは、私のなかの狩猟採集人の本性が解き放たれる。もちろん、背後からゆっくりと子ヤモリに近づいていく。意外に子ヤモリは鈍感だ。おもむろに、右手の網を頭上に運ぶ。これはもう大丈夫だ。

もらった！

狩猟採集人が言う。でも、チャンスは一回だけだ。その一回に、帰ってきたYさんへかける言葉に雲泥の差が出てくる。やはり緊張する。急がず急がず、でも機をのがすおそれもある。どこかで決断しないと。

これこそ直感だろう。今だ！という声を感じるか感じないかの瞬間に、子ヤモリは網に覆われていた。

その日から二日後の夕方、Yさんが研究室にやって来た。

「先生、ヤモリ、ありがとうございました」

「ああ、別に何でもなかったよ。親子とも元気でいるよ。ところで、オーストラリアはどうだった……」

Yさんからコアラやカンガルーの話をいろいろ聞いて、「そーか、よかったなー（こっちもよかったよー）」で、話は終わった。

Yさんが、「これ先生にお土産です」と言って包みを出してきた。なかを開くと、それは（おそらくオーストラリアに生息する）ヤモリの置物であった。

このヤモリ、大きさが違うけど、あの〝仕事の合間ののぞき〟の格闘のなかで、やっと目にした瞬間の子ヤモリの残像に、感じが似ている。

この置物を見るたびに、真昼の決闘（若い人は知らないだろう。有名な映画だ）ならぬ、真夜中の決闘（知恵比べ？）、を思い出すだろう。

Yさんのオーストラリア土産のヤモリの置物

アカハライモリの子どもを探しつづけた深夜の１カ月

河川敷の草むらは、豊かな生物を育む命のゆりかごだった

この二年間、私は、家でくつろいでいるとき以外は、たいてい右の手首に黒いサポーターをしてきた。ここ数カ月は、左の手首にも同じサポーターを巻いている。

サポーターをして帰宅した私を見て、妻は、「暴走族のお兄さんのように見える」と言った。大学でも、学生や同僚の人たちはそう思っているのだろうか。少し不安になった。

そういえば、ある講義で、終了時に配布して書いてもらう感想・質問用紙に、「先生はなぜ手首に黒いサポーターをしているのですか。ファッションですか」と書いた一年生がいた。入学した時点ですでに私は、黒いサポーターをしていたのだから、そう思うのも無理はない。しかしよく考えると、もし「ファッションで、手首に黒いサポーターをしている」ということなら、それは〝暴走族のお兄さん〟にかなり近いものがあるではないか。

一年生の女子学生からも、何か立ち話をしているときに、黒いサポーターの理由をたずねられたことがあった。（でもその女子学生は、ファッションですか？とは言わなかった。）「腱鞘炎《けんしょうえん》なんです」と理由を答えると、友人のお父さんが医者をしているから、治療法を聞いてみますと言ってくれた。そしてほんとうに聞いてくれた。（ただで、診察をしてもらったことになるのだろうか。）

でも答えは、「手首をなるべく使わずに、大事にすること」であった。（やはりただだと、こうなるのだろうか。でも、その学生の気持ちがうれしかった。）

そう、私は、手首が腱鞘炎になって、少しでも手首に負担がかからないようにと思い、黒いサポーターをしているのである。別に、白いサポーターであってもかまわなかったのだ。いくつかの医療やスポーツの店で、自分の手首の状態にぴったりくるものを探し、いちばんよかったサポーターがたまたま黒色だっただけのことである。（ほかの色はなかった。）

川や山で、網や鎌《かま》をふるう私にとって、腕や手は、大変大切な商売道具である。そのなかでも、手首は特に大切なパーツの一つである。かりに、ぴったりしたサポーターが、ピンク色のものしかなかったとしても、私はそれをしただろう。それで少しでも腱鞘炎の治りが早くなるのなら！（……でもそのときになったら、少しためらうかもしれない。両手首にピンクのサポーターをした自分を想像してみたら……少し危ないものがある……。）

なぜ腱鞘炎になったのか。

それは二年前の夏、アカハライモリの子どもを求め、一カ月ほどほとんど毎日、河川敷で調査をしたからである。調査は深夜、午後一〇時くらいから翌日の午前二時ごろまでであった。

だから調査を終えてから帰ると午前三時ごろになる。

では、なぜ私は、アカハライモリの子どもを探さなければならなかったのか。そして、どうしてその調査で〝腱鞘炎〟になったのか。（日常生活のなかで、症状が重い右手をかばっていたら左の手首が痛くなったので、両手首に黒いサポーターをした。妻は、ますます凄みが増したね、と言った。あのなー……。）

その理由と、その調査からわかった結果をこれからお話ししたい。

最初に申し上げておきたいのであるが、私は、たとえピンクのサポーターをすることになっていたとしても、子イモリの調査をしたことをまったく悔いはしない。深夜の河原を徘徊する私が周辺の住民の方から不審者と思われていたこともあとでわかったが、かりに交番に連れていかれていたとしても、悔いはしなかっただろう。

大変だったけれども心躍る一カ月間だったし、得られた結果は、とても重要で興味深いものだった。もちろんアカハライモリの保護にもとても貴重な知見だった。

アカハライモリは少なくとも今から四、五〇年前には、人家のすぐそばであっても、田んぼのある地域にはたくさん棲んでいた。特に、川から田んぼに水を引く水路などには多く見られた。そのころの水路は、現在のように、三面（横二面と底面）がコンクリートで覆われてはおらず、水際には草が生え、イモリが隠れる場所があり、水の流れは緩やかだった。水底の落ち葉などを餌にする水生昆虫も繁殖していた。

私も子どものころ、家族で田んぼの仕事をしていたとき、しばしば仕事を怠けてはイモリと遊んでいた。たとえば、草の茎で、カウボーイが牛をつかまえるときに使う投げ縄のようなものをつくり、イモリの首の突起にかけて〝イモリ釣り〟をしていた。草茎〝投げ縄〟の構造はそれなりに複雑で、よいものをつくるには修練が必要だった。植物の種類の選定も重要だった。当時、一生懸命修練したので、今でも立派な草茎〝投げ縄〟をつくることができる。

イモリの首のところにある、左右に張り出した瘤《こぶ》のような突起は、雌よりも雄のほうがより大きく、求愛行動のとき何らかの役割を果たしているのではないか、と考える人もいるが、真実は不明である。

〝釣り〟では、草の茎の端（根に近いほう）を持ち、反対方向につくった、投げ縄の輪に、イモリの頭が入るように、水中をゆっくり慎重に移動させる。失敗すると、輪がイモリの顔の変な部分に当たり、イモリは逃げてしまう。うまく輪がイモリの首の瘤まで達したら、素早く茎を上へ引き上げる。すると、輪が締まり、瘤に引っかかり、見事にイモリが釣れる、というわけである。

イモリの投げ縄漁（?）を成功させるためには、イモリの習性をよく知っていなければならなかった。そのうえで、よい漁の場所を探したり、漁で投げ縄を操る技術（イモリの習性に合致していなければならない）を磨かなければならない。そうして、少しずつ、立派なカウボーイならぬイモリボーイ（あまりよばれたくない名前であるが）になっていくのである。

釣り上げたイモリは、見るからに毒々しい赤い腹を見せながら、体を揺らす。毒は、実際、背中の皮膚の分泌腺に含まれているが、毒性は強くない。でも、赤い腹の色は、新米の狩人には、一瞬ドキッとさせる程度の効果はある。

しかし、子どもは、そんなものにはすぐ慣れる。釣ったイモリを地面に置いて競歩レースをしたり、手の

7年前の琴浦のイモリ生息地。50カ所調査したうちで、ここだけにイモリが見つかった

ひらに乗せて、観察し、体中をなでまわしたりして遊ぶ。そして、アカハライモリの習性・生態についての知識はさらに増していくのである。

仕事の手伝いからの脱走を叱られながらの時間ではあったが、幸福な少年の日々であった。

そんな、野生生物と子どもとの触れあいを断ち切るかのように、その後、全国の田んぼの水路は、三面コンクリートで固められていく。そうすると、水が速く流れ、枯葉などが底にたまらないし、草刈りなどの手間も少なくなるのである。もちろん、そんな水路にイモリは棲めなくなる。

七年ほど前の春、鳥取県内の、日本海に沿って真っ直ぐ東西に走る国道九号線、約一〇〇キロメートルを、学生と一緒に車で走り、イモリの生息状況を調べたこ

ところが、2年前には三面コンクリートで固められてしまい、イモリはいなくなってしまった。右ページの7年前の写真と同じ場所、同じアングルで撮ったもの

とがある。国道沿いに点在する田んぼの水路を調べていったのである。五〇カ所の田んぼで、イモリが見つかったのは、たった一カ所であった。琴浦という場所である。そこの田んぼだけが、水路がコンクリートで固められていなかった。

ちなみに、そこのイモリは、尾が途中で切れているものが多かった。不審に思って、水路を探ると、おそらくこれが原因だろうと思うものが見つかった。それは多量のアメリカザリガニである。アメリカザリガニがイモリの尾を切って食べているのだと思った。（尾だけではなく〝体〟を切って食べる場合もあるだろう。）

その琴浦の田んぼも、二年前に訪れてみると、区画整理され、水路は立派な三面コンクリートになっていた。もちろんイモリはまったく見られなかった。

区画整理とイモリが棲める水路環境とは、少しの自然保全の意識と少しの工事上の手間があれば両立するのに！

かくして、田んぼや河川の岸辺の環境は、コンクリートや農薬などの人工物によって変えられ、アカハライモリや、アカハライモリと同様に、数十年前は人間の生活の身近な場所（そんな場所を「里地」とよぶ）にいたメダカやゲンゴロウ、タガメといった動物たちが姿を消していった。

さて、子どものとき、手伝いをさぼってアカハライモリと遊んだころから四〇年以上の年月が流れた。絶滅危惧のリストにあげられる里地の野生動物の数が急速に増えるなかで、私は、絶滅危惧生物を含めた野生生物の保護（もちろん、その生息地の保全も）を行なうことを仕事の一つにした。そして、その保護に特に力を入れる対象の一つとして頭に浮かんだのが、里地のアカハライモリだった。

一九七三年、「カモメ類の社会的行動の動物行動学的解析や動物行動学の人（特に自閉症児）への応用」に関する業績で、ノーベル賞を受賞したオランダ出身の生物学者ニコ・ティンバーゲン氏は、『セグロカモメの世界』（安部直哉・斎藤隆史訳、思索社）のなかで次のような文章を書いている。

……カモメ類の大きな集団繁殖地でその生活を眺めながら過ごした少年時代はまったくしあわせだった。なぜなら、彼らと一緒にそこに居て、太陽を肌に感じ、砂丘の愛らしい花々の香りを楽しみ、青空高く舞い上がる純白の鳥を眺め、……。後年、彼らのもとに私を連れもどしたのはこの感傷であった。しかし、そのときには、十分に熟した科学的な興味、つまり、私には或る点ではよくわかっていたが、社会学的な点ではわかっていない彼らの社会生活の秘密を探求する意図をもって、私はもどってきた。……

ティンバーゲン氏の思いと比べるのは恐れ多いことだが、でも私には、その思いがよくわかるのである。

アカハライモリは、〝純白〟でもなければ（逆に黒く腹だけがまだらに赤い）、〝青空高く舞い上がる〟こともない（逆に、水の底を這いずりまわることが多い）。しかし、アカハライモリにはアカハライモリにしかない、独特の魅力があり、生態系のなかでの、アカハライモリにしかできない役割もある。そしてなにより、私自身の、少年の日々の幸福感と強く結びついている。

ちなみに、ティンバーゲン少年は、〝広々とした砂丘で大きな集団繁殖地を眺め、太陽を肌で感じ、愛らしい花々の香りを楽しみ〟、一方、小林少年（御幼少のころの私のことであるが）は、〝田んぼの仕事の手伝いから脱走して、草の茎でつくった投げ縄を首に引っかけてアカハライモリを釣ることを楽しみ〟……なにか、とても違う気がする。

しかし、ティンバーゲン氏が、〝十分に熟した科学的な興味、……彼らの社会生活の秘密を探求する意図をもってきた〃ように、私だって、今度はイモリの投げ縄漁ではないのである。(少しは、やりたい気もするが。)

好奇心と使命感を携えて、アカハライモリの社会生活の秘密の探求と、それにもとづいた保護や生息地の保全のために〃もどってきたのだ〃!

ある休日の朝、学生のTくんから電話がかかってきた。Tくんの第一声は、

「先生、イモリがうじゃうじゃいる場所を見つけました」

であった。

場所を聞くと、国府役場の対岸の河川敷にある池のようなところ、と言う。その言葉でだいたいの場所の予想はついた。私もその近くまでは行ったことがあった。

アカハライモリは、卵から孵化して数週間は鰓《えら》をもった幼生として水中で過ごし、その後、変態して肺呼吸をするようになり、陸に上がる。そして三年間ほど(正確なところはわかっていないが)、ずっと陸上で暮らしたあと、成体になって、おもに繁殖のために水場に入ると言われている。

そして私が是非調べたいと思っていたテーマは、「肺呼吸をするようになって陸地に上がり、

それから三年間程度の陸上生活をしている」と考えられている〝子イモリ〟の生態である。

「陸に上がってから、どこへ行き、どんなところで何を食べ、冬眠はどんなところで行ない、そして産まれた水場からどれほど遠くまで移動するのか」などといった、理解の空白の部分を調べたいと思っていたのだ。もちろん、その理解が、アカハライモリの生息地の有効な保全に不可欠であることは言うまでもない。

Tくんから電話があったのは、私が、その〝子イモリ捜査〟のための新たな調査地を探しているころだった。

その数日後、Tくんと一緒にその場所に行った。そして、そこが〝子イモリ捜査〟のためにとても適した場所だと直感した。

〝イモリがうじゃうじゃいる〟水場というのは、その

Tくんが発見した、イモリがうじゃうじゃいる場所

場所の数十メートル川上の土手に設置されている樋門《ひもん》から流れ出た水がたまった場所だった。

樋門というのは、川から、田んぼや家で使う水を取りこみ、使った水をまた川へもどすときの、取りこみ口やもどし口のことである。その口は、昔なら木や石で、現代では多くが鉄やコンクリートでつくられている。

樋門から出た水が、河川敷を遊びながら川の本流へと達する間に、幅一メートル、長さ三メートルほどの池のような水場をつくっていたのだ。

ちなみに、Tくんは以前、工事で破壊されることが決まった河川敷の水場（これも樋門の前の水場だった）の動物を、一時的に大学に避難させる作業を行なったとき、スナヤツメの成体を捕獲した。スナヤツメというのは、全国的に絶滅が危惧されている魚類で、魚類なのだけれども幼生から成体に変態するという変わった特性をもっている。成体は変態して数カ月後には死んでしまうこともあり、私も成体を間近で見るのはそれがはじめてだった。それがきっかけになって、私はスナヤツメの保護活動を始めることになる。

Tくんが教えてくれた、「〝子イモリの捜査〟に適した水場がある河川敷」一帯を、私は「イモリヶ原」とよび、今日まで四年近く、〝子イモリの捜査〟も含めたアカハライモリのいろいろな調査を続けてきた。また「イモリヶ原」は、私が大学の授業で担当している保全生態学演習でも、実習地として利用している。

ところで、Tくんと一緒に「イモリヶ原」に行ったその直後、私の頭のなかには、ある仮説が浮かんでいた。そのときの私にとっては、かなり魅力的な仮説だった。その内容は、以下のようなものだった。

樋門の前には、その構造上の特性から、岸辺にミニチュアの湾や池のような地形をつくり出す。

そこでは、川の水が緩やかに停滞し、少し遊んでから湾を出ていくことになる。すると、樋門前の〝湾〟には、細かい砂がたまり、水辺の植物が繁茂しその枯葉などが水底に堆積し、プランクトンも含めた小型水生動物が繁殖し、それを餌にする水生昆虫が……。そして、それらの多様な生物を餌にする魚類やアカハライモリや各種カエルなどの両生類も生息できる。

樋門の前にはミニチュアのような湾や池のような地形ができ、そこには豊かな生態系が成立する

一方、そのような場所は、おもに植物の栄養吸収などの生理的作用で、水が浄化される。このようにして、樋門前の水場には、豊かな生態系が成立し、今では絶滅が心配されているようなアカハライモリやスナヤツメが細々と生息できているのではないか。（四、五〇年前は、河川にはそのような場所がたくさんあったのだけれど、護岸のコンクリート化や大規模なコンクリート堰の設置などによって激減したのではないか。）

Tくんと「イモリヶ原」を〝視察〟したあと、私はこの仮説をTくんに話し、その足で「イモリヶ原」の周辺の樋門前水場に向かった。

大げさに言うと、**それは、私の生物学者としての力量が問われる場面であった。**

その仮説は、生物や自然全体に対する広い知識にもとづいてはじめてひらめく仮説だからである。もしほんとうに、ほかの樋門前にもアカハライモリが見られたら、私の株は大きく上昇するはずだ。いや上昇させる。

もし披露した仮説が間違っていたら……

何も言わず「Tくん、じゃ帰ろうか」と言えばよい。

結果は……、

驚いたことに、いや私の予想通り、調べた二カ所の樋門前の水場にイモリはいたのである！（スナヤツメについては、水に入って網で水底の砂ごとすくい上げるという作業が必要だったので、そのときは調べなかった。しかし、あとの調査で、二カ所ともで見つかった！）

寄り道が長くなるが、その後二年間ほど、鳥取県東部のいくつかの河川の樋門について、「樋門前の水場が、絶滅危惧種をはじめとした多様な動物の生息地になっている」という仮説を検討すべく、あるいは「どんな樋門が、そういった動物の生息地になりやすいか」を明らかにすべく調べていった。

その結果、「樋門前の護岸が土や石垣でできており」、「水の溶存酸素量や透明度が比較的高い」樋門前水場のほうが、アカハライモリやスナヤツメなどは生息しやすいことがわかった。そういった場所では、アカハライモリやスナヤツメ以外に、これらと同様、絶滅が心配されているメダカやゲンゴロウ類なども見つかりやすいこともわかった。

一方で、樋門前の護岸がコンクリートでつくられた大規模な樋門や、水の汚れがひどい樋門前水場には、生息する動物は少なかった。

私は、そこで得られた知見などをもとにして、現在、鳥取市内を流れる袋川《ふくろがわ》で、絶滅危惧種を中心にした、生物相が豊かな水辺環境の創出を行なっている。

さて、私の手首に黒いサポーターをはめさせることになった〝子イモリ捜査〟の話に本格的に入る前に、子イモリがどのようにして陸に上がるようになるか、少し解説をしよう。

アカハライモリの卵は水中の草の葉などに産みつけられる。

母イモリが、一個ずつていねいに、後ろ足をたくみに使って、葉を巻きこむようにして、そのなかに卵を産んでいくのである。

あるとき、「イモリヶ原」からイモリを採集し、体長を測ったり、腹や顎の模様をカメラで記録する作業を行なっていたら（イモリの腹の赤と黒のまだらの模様は、個体ごとに異なっていて、年齢を重ねてもあまり変わらないので、個体識別のために利用できるのである）、**一匹の雌の肛門から、卵が出はじめた。**

鳥類や爬虫類、両生類などでは、尿や糞や卵が出てくる場所は一つであり、総排泄孔とよばれている。肛門と言っても間違いではない。

おそらく、卵でいっぱいになっていた腹を私が押さえてしまったためだろう。イモリの卵はこんなふうにして出てくるのかと、しばし感慨にふけった。

卵は、一つの大きな細胞である。その卵が細胞分裂を繰り返しながら、表皮や筋肉、骨、眼などの多様な細胞になっていく。そして、やがて、数十万個の細胞からなる、首部に大きな鰓をもった胚が、卵を包んでいた膜のなかに見えてくる。

胚は、膜のなかで動きはじめ、ある日、膜を破って水中に泳ぎ出す。イモリにおける孵化である。そうなると胚は幼生とよばれるようになる。

今までは膜のなかで、いわば〝親が持たせてくれていた弁当〟である〝卵黄〟から栄養を得ていた胚も、孵化後は幼生となって、自分の力で餌をとらなければならない。（ちなみに、アカハライモリの幼生は、肉食である。）

そして、幼生は、それを立派にやってのけるのである。その小さな体に秘めたさまざまな能力――認知能力や判断力、筋肉の制御・駆動力など――を駆使して、水中のミジンコや小さなミミズなどを素早く捕らえる。私はそんな彼らの姿を、机のすぐ脇に置いた水槽のなかで何度も観察した。

その後、幼生は少しずつ成長し、水中の酸素を取りこむために首部から張り出した大きな鰓は、ますます大きくなり血液の色を映して桃色になる。正面から見ると、ライオンのたてがみを想起させる。しかし、その顔は、やんちゃ坊主のような、なんとも愛らしい面立ちである。

やがて、水中生活を可能にしたその鰓もだんだんと小さくなり、やがて完全になくなり（これを変態という）、子イモリ（正確には幼体とよぶ）は、誰に教えられるのでもなく陸地へと

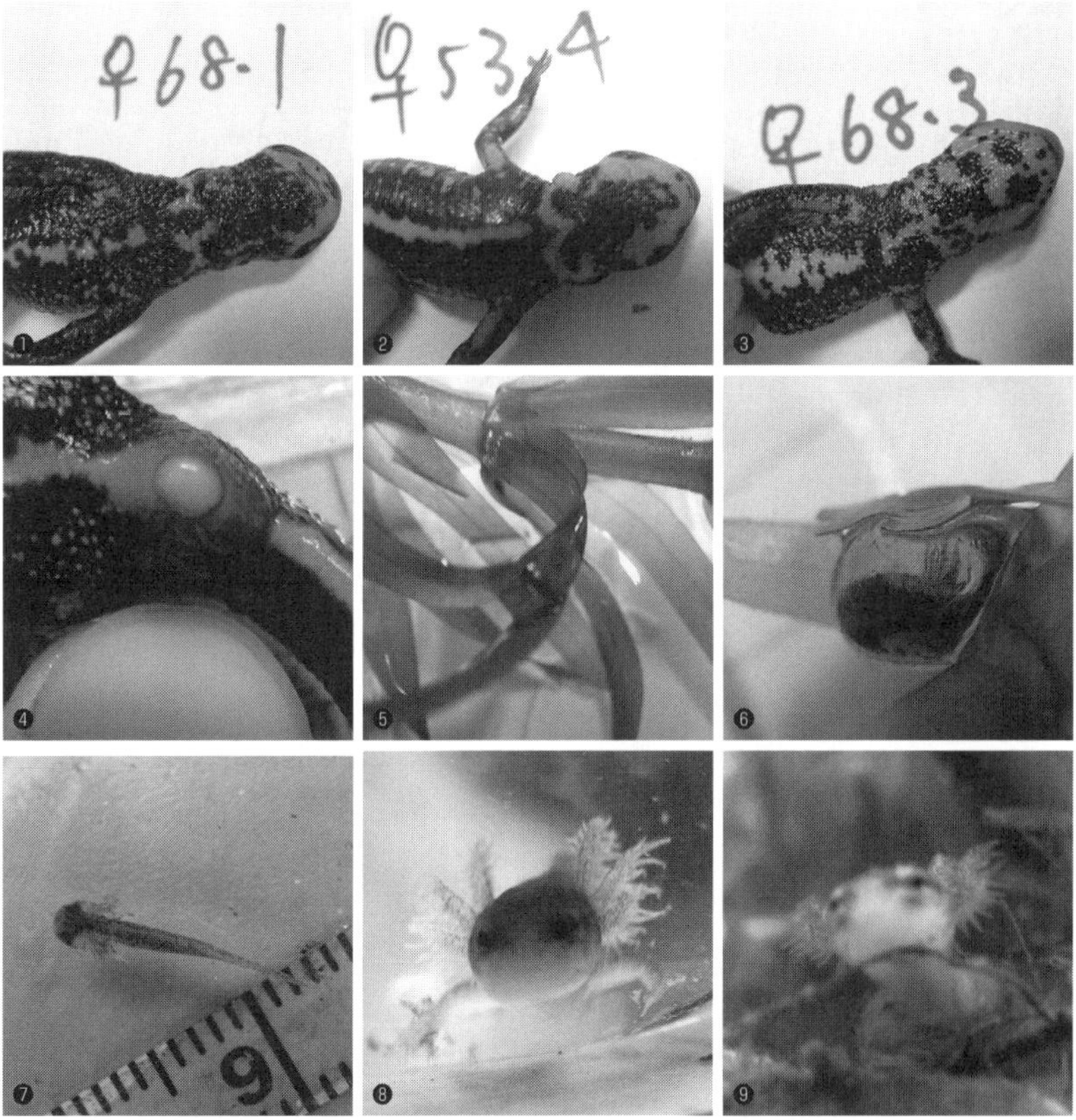

❶〜❸アカハライモリの腹の模様は個体によって異なり、成長してもあまり変わらない
❹体長を測っていたら肛門（総排泄孔）から卵が出てきた
❺草をうまく巻きこむように卵をひとつずつ産んでいく
❻膜のなかに大きな鰓をもった胚が見える
❼膜を破って水中に泳ぎ出した幼生
❽少し大きくなった幼生
❾餌をねらっている幼生。このあと餌をパクリ！

旅立っていく。

人生と同じく、イモリ生においても、幼生から幼体への、鰓呼吸の水中生活から肺呼吸の陸上生活への旅立ちは、とても重要な場面である。

人生での旅立ちも、未知の生活への不安と意欲が入りまじった、本人にとっても、また本人を見守る人たちにとっても、心わきたたせる瞬間であるが、私はイモリ生にそれに似た感情を感じる。その旅立ちは、深夜にひっそりと行なわれることが多いが、それも私を感傷的にするのかもしれない。


ところで、**どうして子イモリは、水中をあとにして、未知の陸上へと旅立っていくのだろうか。**この生物学的にも重要な問題を、私は、感傷的な気分とともに何度か考えたことがある。ここだけの話であるが、これからお話をする〝私を腱鞘炎にした〟作業の最中に、その答えは浮かんできた。（実際、この説は、生物学的に価値をもった説だと思う。ここではじめて発表する。）

おそらく、その答えは、イモリだけにかぎらず、多くのサンショウウオ類やカエル類のような、イモリと同じ「変態後、水中から陸上への旅立ち」をする動物にも、また、川で孵化したあと、海へと旅立つ魚類にも適用することができるものだと思う。

結論から申し上げると、〝成長するための餌を求めて〟、というのがその主要な答えだと思う。たとえばアカハライモリの場合、面積的に陸地より絶対的に小さい水場のなかだけで、たくさんの子イモリが、成体のイモリとも競争しながら、十分な餌を獲得するのは困難なのだろう。だから子イモリは、さまざまな危険も待ちかまえる〝広い〟陸地へと、成長する場を求めるのだろう。

稚魚《ちぎょ》が海へと旅立つサケ類などの魚も同じではないかと思う。多くの餌がある大海原へ、成長の場を求めるのではないだろうか。（えっ？　稚魚が海へ下らない魚類は、なぜ下らないかって？　……スペースの関係で、残念だが今回は説明は省略しよう。）


さて、二〇〇七年の八月の話である。

夜の九時くらいになると体がうずき出す。（子イモリの調査は夜がいい。子イモリの活動は夜、活発になるからである。それと日中は暑くて暑くて……。）夜の調査を続けていると、体がそのリズムに合わせて動き出す。

ドラキュラではないが、**夜のとばりが下りると、「そろそろ行こうぜ、そろそろ行こうぜ」**

と体が騒ぎ出し、脳が「そうだな、じゃそろそろ準備をしようか」と冷静に答える。ほんとうは、どちらも脳が言っているのである。ただ脳のなかでも、〝騒ぎ出す〟部分（間脳）と〝冷静に答える〟部分（大脳）が違うのである。

必要なものはすべて車に積んである。手に持つライト、頭に装着する高性能のヘッドライト、ウェーダー（靴とつながっている防水ズボン）、手袋、カメラ、マジック、ピンセット、ビニール袋、輪ゴム、そして〝草刈り鎌〟である。（この鎌が調査のなかではとても重要であり、〝腱鞘炎〟の張本人でもある。）あとは、私の体と五感と脳である。

玄関の明かりが薄暗く庭を照らすなか、車に乗りこむ。本通りから山の方向へと脇道にそれ、一〇分ほど走って、橋のたもとに着く。水音もかき消されるくらい虫が鳴いている。対岸の土手の向こうに、夜の闇のなかで、ぽつぽつと家々の明かりが見える。

車を降りて装備を整え、ライトの明かりを頼りに河川敷へと、土手の斜面を下りていく。めざすは、イモリが産卵する水場がある河川敷、幅約二〇メートル、長さ約一〇〇メートルほどの面積の草むらである。その**草むらのなかを、黒い、二センチにも満たない子イモリを求めてくまなく探すのである。**

草の高さは、低いところで一メートル、高いところでは二メートル近くあった。（アシやブ

真夜中の子イモリ大捜査
❶ヘッドライトに浮かび上がる子イモリ
❷大人のイモリと子イモリの大きさはこんなに違う
❸小さな子イモリがひそんでいた草むら
❹〜❻子イモリは、日中は枯葉や石の下にひっそりと隠れている
❼❽私を腱鞘炎にした、地面を露出させるほど草を刈る作業

タクサ、キクイモなどが高く伸びていた。）そこを、端の草から、地面すれすれに、鎌で切りとっていく。

そして、草の覆いが取り去られて姿を現わした地面の、直径二〇〜三〇センチの範囲をヘッドライトで照らし、そのスポットライトのなかをひたすら一心に見つめる。

一つのスポットライト範囲の点検が終わると、すぐ横の草へ目標を移し、刈りとって姿を見せた地面にまた、スポットライトが当てられる。一心に見つめる。

……それをただただ繰り返していくのである。


目の前を虫たちが飛んでいる。（血を吸うカがまったくいないのがうれしい。）

足元をカエルが驚いた様子ではねていく。（小さなアマガエルだ。）

スポットライトに照らされた地面の上を、ミミズが、甲虫が、トビムシが、アリが、ザトウムシが、ナナフシの赤ん坊が、……さまざまな小さな土壌動物が、動きまわる。（〝ナナフシの赤ん坊〟というのは、成虫ならば一〇センチ以上はあるあのナナフシが、姿そのままに一センチに満たないミニチュアになった子どものことである。ナナフシがこんなところで繁殖していたとは！）

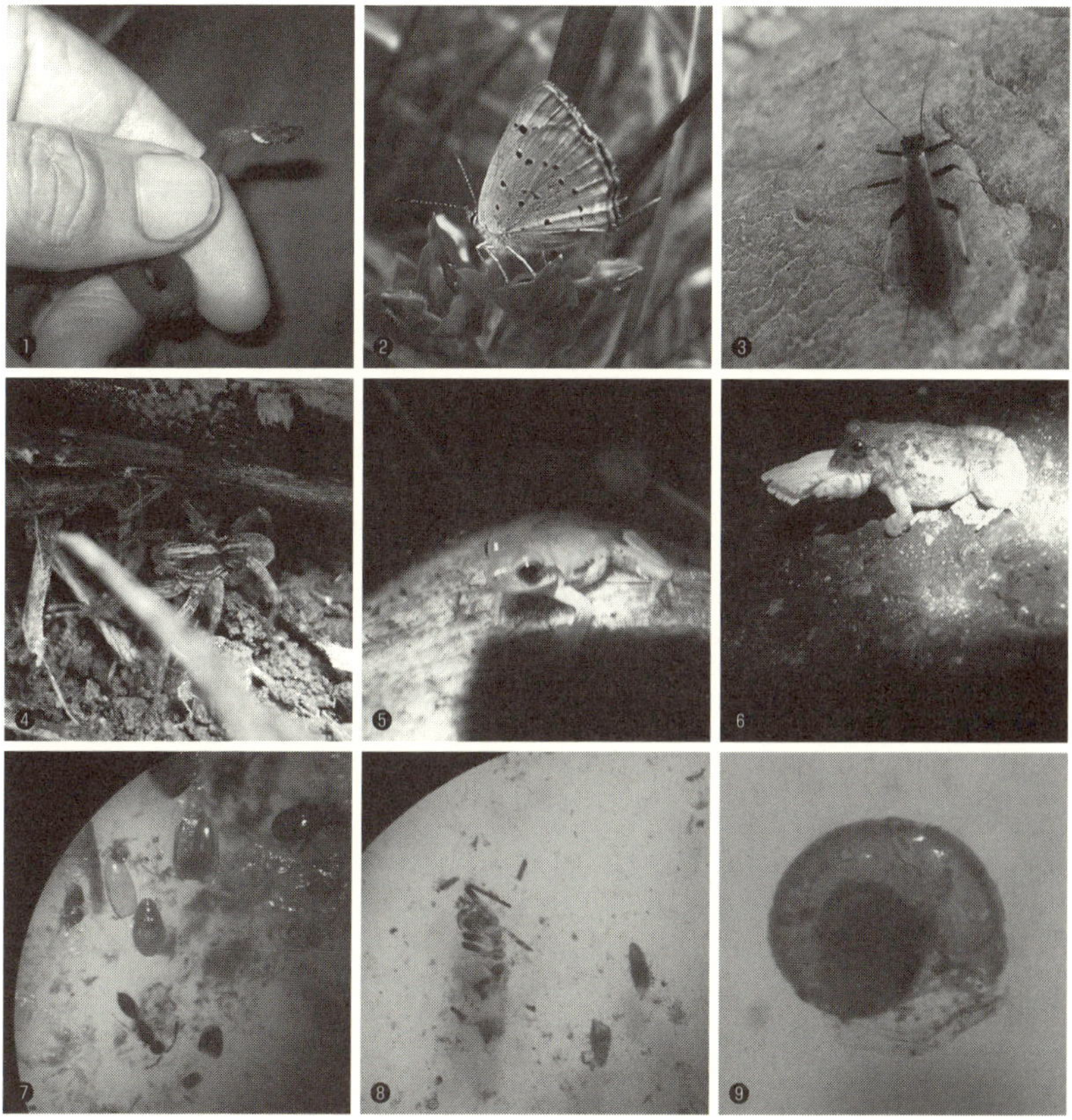

河川敷の草むらはたくさんの生き物たちを育む“命のゆりかご”だ
❶ヒバカリの幼体、❷ベニシジミ、❸カワゲラ、❹クモ（種類は不明）、❺アマガエル、❻蛾を食べているヌマガエル、❼〜❾子イモリの糞のなかに見られた（つまり草むらに生息していた）ダニ類（❼）、トビムシ類（❽）、カタツムリ類（❾）

ここはほんとうに、小さな動物たちのワンダーランドである。……しかし、なかなかアカハライモリの子どもは発見できない。見落としているわけではない。眼と脳はクリアーである。一心に集中した脳には、あれだけ騒がしかった虫の鳴き声も聞こえない。

細長いものがスポットライトの端を逃げていく。ミミズではない。動き方がまったく違う。反射的にヘッドライトが動き、同時に手が伸びる。

小さい小さい、まさに〝新生児〟と言ってもよいくらいのヒバカリ（ヘビの一種。俗説で毒蛇と思われ、噛まれるとその日のうちに死んでしまうと誤解されていた。だから、その日ばかり）だ。こんな草むらのなかで君たちは繁殖していたのか。そうか、これだけたくさんの生き物がいるんだから餌にも困らないだろう。

河川敷の草むらは、外から見ただけでは、単なる雑草だらけの放置地くらいにしか見えないかもしれないが、たくさんの生き物たちを育む、生態系の源なんだ。**〝草むらは命のゆりかご〟……そんな言葉が自然に頭に浮かぶ。**

汗が額を伝う。体はもう汗でびっしょりである。そのうちもうつきたのか、汗も出なくなる。

一瞬、心臓がドキッとする。その後、零コンマ零何秒かして、その理由が意識にのぼる。

子イモリだ！

（私の脳は、私が意識するよりも前に、私が求めている、黒くて小さな動物を見つけている。そしてアドレナリンによって心臓の鼓動を高める。私の筋肉の素早い動きを可能にするためである。それと同時に、脳に入った視覚の情報を、脳内の、意識を生み出す領域に伝えるのである。）

間違いなく子イモリだ。尾の背中側に、細いけれども、鮮やかな赤い線がある。石の間を、少し足早に、スポットライトから離れるように移動している。

今日の一匹目だ。私はとても大切なものを扱うように、そっと手でつかむ。

なんとかして、私の手から脱走しようとする元気な子イモリに、「いい子だ、いい子だ」と言いながら、体長を測り、腹側の赤と黒のまだら模様の写真を撮り、ポケットのなかから取り出したビニール袋に入れる。

袋のなかには、地面の土や枯葉も一緒に入れ、日時や発見した場所（これが特に大事な情報なので、あらかじめ調査区内に基準になる杭を設置しておいた）などを記録した紙も入れて、輪ゴムで固く口をふさぐ。

ビニール袋には、子イモリの呼吸のことを考えて、ピンセットでいくつか小さい穴をあけておく。

一連の作業が終わると、また次の子イモリ探しに移る。

一晩のなかで、子イモリの発見を何度か体験していると、ふと、全身の筋肉の凝《こ》りとともに、虫の鳴き声、川の流れの音が聞こえ、とても心地よい気分になる瞬間がある。それは、子イモリ探しの集中がとぎれたときでもあるのだが、頭のなかは妙に冴えているのがわかる。そんなとき、私が好きな、アメリカの生態学者（現代の知の巨人ともよばれている）E・O・ウィルソン氏の言葉を思い出す。


　私は森のなかに分けいり熱帯雨林の日陰の涼しさにいつも驚かされた。しばらく歩きつづけると小さな空き地に出た。そこからは草の生えていな

発見した子イモリは体長を測り、腹の模様を写真に撮り、ビニール袋に入れる。発見した日時、場所などを記録した紙も一緒にビニール袋に入れる

い小径が奥へとつづいている。いま、私のまわりの世界は直径数メートルのごく狭いものになった。私はふたたび自分の精神を「ナチュラリストの恍惚《トランス》」あるいは「狩人の恍惚」とでもよぶべき状態……このトランス状態に入ることで生物学者は、ひどく見つかりにくい生き物にも近づくことができる……となり、呼吸の乱れは静まり、集中力は研ぎ澄まされた……

（『バイオフィリア——人間と生物の絆』（狩野秀之訳、平凡社）

子イモリ探しの話にもどろう。

その日の作業が終わるころには、作業を始めたときには白い新品だった手袋（いわゆる軍手）が、泥だらけになり、何本かの指に穴があき、もう使えなくなる。体はそこらじゅうが痛い。

発見された子イモリは、まずは自宅に連れて帰る。自宅に着いたら、子イモリを一個体ずつ、体をよく洗って体の土を取り去り、水で湿らせた紙を敷いた小さい容器のなかに入れる。

（ちなみに、私はそこまでやると、風呂に入る。バリバリになった体中の筋肉が湯のなかでほぐれる。気持ちいい。）

子イモリを一昼夜、容器に入れておくと、子イモリが糞をしてくれる。その**糞を、あとで水中でほぐして顕微鏡で調べると、子イモリが陸上で何を食べていたかがわかる**のである。また、子イモリが雄か雌かというのも大変大切な情報なのであるが、子どものときにはまだ性別がわからない。大学の飼育室で育て、成長を待って性別を確認する。

その夏の調査でわかったことは、まだ論文にしていないので、あまりお話できないのであるが、アカハライモリの子どもは、自分が産まれた水場からずいぶん遠くまで移動する、ということである。あの小さな小さな体で。（この成果はすばらしい、と私は思っている。）

私の予想では、雌の子どものほうが雄の子どもより遠くに移動すると思うのだが……はたして、真実は？　……それは子どもが大きくなって性別の判断ができるようになってからのお楽しみ、である。子イモリは、大きくなったらまた河川敷に返してやるつもりである。（腹の模様はしっかり記録できているので、何年か先に、また会うかもしれない。）

ちなみに、〝子イモリ大捜査イン河川敷〟を慣行する前の年に、私は、「イモリヶ原」の狭い範囲で次のような予備調査を行なった。

「変態して水場の岸に上がって間もない子イモリの行動」

「その子イモリたちのその後の移動状況」

「子イモリたちの冬の過ごし方」

そこでわかったことは、変態後、上陸した子イモリは、しばらくは、水場の近くの、枯草やコケなどが厚く積もった場所の、堆積物の下などに集まってひそんでおり、数週間ほどしてから（皮膚や肺などの体の状況が陸上に慣れるためか？）、斜面の上方に向かって、ゆっくりと移動を始める。

移動をするのは夜が多い。移動の途中には、草や、枯草、石の下にひそみ、ダニやトビムシ、ハエやカの仲間の幼虫や成虫、陸生の貝などを食べながら、移動を続けると考えられる。

おそらく、子イモリを餌にしようと待ちうける捕食者も多いのだろう。候補として予想されるのは、ハサミムシ、クモ、小鳥、モグラなどである。

（ほかには、食べはしないが、手でつかまえてしまうコバヤシという動物もいる。ただし、コバヤシはいろいろ調べたあと、ゲンキデナとかなにか、わけのわからない鳴き声を発したあと、子イモリをその場に放すという習性がある。）

実際に一度、ハサミムシが、子イモリを尾のはさみでつかんで、口でかじっていたのを見つけたこともある。子イモリは死んでいて、体の張りはなくなっていた。

こんなことを目の当たりにして、子イモリの懸命な生き姿がわかってくると、ゲンキデナという鳴き声を何度も発さずにはおれない気持ちになる。

そして、「それが人間自身のためになる」という事実をぬきにして、この子イモリたちの生きる場所を、コンクリートで覆ったり重機で削りとったりして、破壊してはいけないと心から感じる。

私がいろいろなところで発言している「野生生物の習性・生態を知ったうえでの擬人化が、われわれ自身の生存も守ることになる自然環境の保全の内的な原動力になる」という内容を確信する瞬間でもある。

冬の子イモリたちの行動も、私に、彼らの〝懸命さ〟というか、〝野生の美しさ〟というか、そういったものを感じさせてくれる。外気が零度近い河川敷の斜面で、彼らは、枯葉や腐葉層の下、石垣の石の間で

ハサミムシに食べられていた子イモリ。写真を撮ろうとすると、ハサミムシは逃げていった

じっとしている。こうして、**厳しい季節を生ききった子イモリが、春になって、また、餌を食べながらの移動を開始する**のだろう。

ちなみに、この予備調査で確認した子イモリ数個体が、真夏の〝子イモリ大捜査〟で確認された。「あれからずっと頑張って生きぬいてきたんだなあ」という感慨をも感じずにはおれなかった。冬を過ごしていた場所から、かなり（五〇メートル程度）離れた場所での再会であった。

そんなドラマも体験しながらの〝子イモリ大捜査〟である。腱鞘炎にもなるよ。というか、腱鞘炎もなんのその。

毎夜、毎夜、河川敷に出かけていって草を刈っていくのである。（刈った草はまたすぐ伸びるので、生息

土手のコンクリート斜面をもくもくと上る子イモリ。懸命に生きている姿を見ると、“ゲンキデナ”という声をかけずにはいられなくなる

地が荒れることはない。）草のなかには、茎の直径が三センチくらいにもなる固いものもある。

一カ月も続けていると利き腕の右手の手首が悲鳴を上げ出した。

最初は気にもとめなかったが（特に作業をしている最中は）、朝起きて手を使っていると、だんだん痛みを感じるようになってきた。そしてそのころから、右手に〝黒いサポーター〟をつけるようになったのである。

幸い〝子イモリ大捜査〟もちょうど一カ月ほどで、目標の区域をすべて完了した。〝普通の〟生活にもどってからは、重いものを右手で持つと痛みを感じたので、なるべく左手を使うようにしていた。そうしたら、冒頭でもお話ししたように、左手も痛くなってきて（おそらく、〝子イモリ大捜査〟では、いろんな場面で左手首も使っていたのだろう）、「両手首に黒いサポーターをした暴走族のお兄ちゃん」が完成したというわけである。

大学祭で、私が調査をしている河川敷の近くを含む一帯の田んぼで実験的な農業を行なっている卒業生のYくんに会った。Yくんは、そこでできた米だと言って、私に持ってきてくれた。ありがたく受けとって話をしていて、〝子イモリ大捜査〟のことを話したら、Yくんは、暗い河川敷のなかをうごめく私を何度も見ていて、かつ、それが私だということも見ぬいていた。

さすがだ。

やはり、河川敷の近くに住んでおられるあるＮＰＯの方と、あるとき話していて、深夜の河原を徘徊する私が周辺の住民の方から不審者と思われていたこともわかった。

いずれにしろ、私が知らないだけで、いろいろな方にご迷惑をかけた可能性は十分ある。だけど、「ご迷惑をおかけしますが、これからもこんなことは続きますのでよろしく」としか言いようがない。野生生物を調べている人なら誰でもあることだ（と、開き直ったりなんかして）。

ちなみに、今は家でくつろいでいるときは〝黒いサポーター〟は着けなくなった。でも川や山での作業のときなどには必ず着けている。それも、左右二枚ずつ、計四枚。正直に言うと、なにか暴走族のような気分になることもある。

ミニ地球を破壊する
巨大(?)カヤネズミ

ほんとうは人間がカヤネズミの棲む地球を破壊している

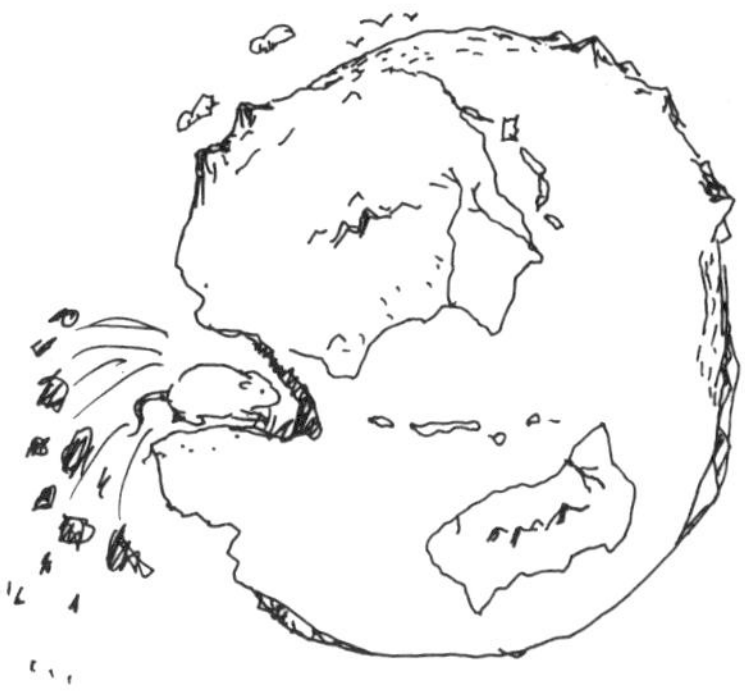

二月の寒い日の夕方、理由は覚えていないが、大学の建物のなかには、まばらにしか人はいなかった。

トントンと研究室のドアをノックする音がした。

ハイッと答えて椅子を後方へ移動し、水槽と水槽の隙間から、ドアのほうを見ると（研究室のなかで私が机を置いているのは、奥の角で、机と椅子を取り巻くように水槽が置いてある。だから、水槽の隙間からのぞくようにしないと、ドアのところが見えないのだ）、IくんとSくんが入ってくるのが見えた。Iくんの手には、白いビニール袋が握られており、私は、Iくんの表情や状況などを総合して、直感的に思った。

「これは、**何か動物を捕獲か保護して持ってきたに違いない。そしてその動物はちょっとめずらしい動物に違いない**」と。

Iくんのことだから、〝保護〟だろう。〝ちょっとめずらしい動物〟と判断したのは、次のような理由からである。

まず、IくんやSくんの表情から、それが、（彼らの利益になるような）私への依頼ではないと思った。その表情は、「小林（私のことであるが）が喜ぶかもしれないから持ってきてやった」と言っていた（と私には読めた）。

そもそも、一般に、人が人に、何か（自分の利益になること）を頼む場合には、顔には、〝宥和《ゆうわ》〟（具体的には、怖さの表情と微笑の表情が入りまじった表情）が現われるのである。学生が教員に頼む場合には、さらに、〝神妙《しんみょう》〟という言葉で表現されるような、表情の要素が加わる場合が多い。

そんな要素は、彼らの表情にはなかった。二人とも、何かうれしそうな顔をしていた。

次に、IくんやSくんは、私が動物が好きであることをよく知っている。そして、Iくんの白いビニール袋の握り方は、なかに、〝飛び出す可能性のある〟ものが入っていることを示唆している。

最後に、IくんやSくんは、ありふれたことであまり労を費やすような人間ではない。特にIくんは、どちらかというと、面倒なことはイヤ、という性格である。（つまり、ありふれた動物ではない、ということである。）

われながら、すばらしい直感と論理的な推察である。

私は内心、ワクワクしながら、水槽などで固められた要塞を出て、彼らに近づいていった。

「先生、こんなものが一階の廊下にいたんですが、これは何ですか」

そう言って差し出されたビニール袋のなかをのぞいた私の顔は、おそらくパッと輝いたはずだ。自分でも頬の筋肉が緩むのを感じた。なかには、小さな、薄こげ茶色のネズミが、賢そうな目をしてこちらを見ているではないか。

「わー、ネズミじゃない。すごいじゃない!」

うれしくて、自然にそんな言葉が出た。

続けて、「わー、これは、○×ネズミだよ。すごいじゃない」と言いたかったのだが、〝○×〟の名称が出てこなかった。(つまり、すぐには、ネズミの種類がわからなかったのである。)

まず、さっと頭に浮かんだのはハツカネズミである。ハツカネズミ(の成体)よりも体は小さかったが、子どもならこれくらいの大きさだろう。色もだいたい一致している。そして、(その動物が)大学のなかに入っていたという状況も、人家を棲みかとすることが多いハツカネズミならうなずける……。

1階のエレベーター前でうろうろしていたカヤネズミのヤカ

しかし………違う。

私の脳の深いところでは、見た瞬間から、それがありふれたハツカネズミ(言い方が悪くてハツカネズミには申し訳ないが)ではないと言っていた。その脳の言葉を意識にのぼらせながら、考えた。

まず、尾がハツカネズミより細くて長い。しなやかそうだ。耳の形がハツカネズミとは違う。

つまり、ソクラテスのいう〝イデア〟(それをそれたらしめる本質)という言葉を使うと、表面的にはハツカネズミに似てはいるのだが、イデアが違うのである。ハツカネズミのイデアではない。

とりあえず、二人に、その〇×ネズミがいた場所に連れていってもらうことにした。

現場をしっかり見ることで、その動物の特性について、重要な情報が手に入るかもしれない。よく言うではないか。「足でかせげ」あるいは「事件は現場で起きている」(?)と。

二人のあとについて階段を下りながら、私は〝〇×〟の言葉を一生懸命考えていた。**私が、その言葉を言うのと言わないのとでは、IくんとSくんの、私を見る目が違ってくる。**いわゆる体裁を保つ、というやつだが、それは大事なことだ。中身が少し薄い分だけ、体裁でカバーしなければ。

尾の短い、顔がずんぐりしたハタネズミとも違う。
Iくんたちが私の研究室に入ってきたとき、私の机の上のケージのなかで、とうもろこしを食べていたアカネズミとも違うし、それに近い種類の、一回り小さいヒメネズミ……とも違う。

二人が連れてきてくれた場所は、一階の廊下のエレベーターの前だった。
Iくんが言うには、エレベーターの乗り口の前をうろうろしていた、という。

うろうろしていた?

ずいぶんとのんびりしたネズミだな、と思った。
そして、迫りくるIくんから、さっさと逃げることもなく、素直に(?)つかまったということは……やっぱり、のんびりしたネズミだな、と思った。これは

ここでヤカは発見された、と指さすIくん

重要な情報だ。

……しかし、○×が埋まらない。うーーー、○×が浮かんでこない。苦しい……。

でも仕方ない。(あきらめは早いほうである。私は、〝竹を割ったような〟性格なのである。)

私は、二人に「このネズミは、この冬が終わるまで、外へ放すわけにもいかないから(外は雪が数十センチ積もっていた)、私が世話するよ。どうもありがとう」と言って研究室に引きあげようとした。そして、最後にもう一度だけ、最後のあがきとして、ビニール袋をそっと開けて○×ネズミと対面してみた。

ネズミは、袋の隅のほうでじっとしていて、目と目が合って……というわけにはいかなかった。しかし、細い尾がSの字に、しなやかに丸まるのを私は見逃さなかった。そしてその瞬間、私は○×ネズミの正体が……わかった！　かなりの確信をもって……。なぜ、今まで、これが頭に浮かばなかったのだろう。**……カヤネズミだ！**

私は大急ぎで、遠く離れていく二人に向かって、追いすがるように、かつ、平静を装いながら、言った。

「ああそうそう、名前を言っておくのを忘れていたけど、これはカヤネズミというネズミだ。

カヤというのはススキのことだ。大学の敷地のなかにもたくさん生えている。

このネズミはススキなどの草のなかで暮らしていて、しっぽをススキの葉や茎に巻きつけて移動することもあるんだ。だから尾が細くて長いんだ。巣はススキなどの葉を何枚も丸めてつくるんだ。私の研究室にもいくつか置いてあったから（それはほんとうだった）、見せてあげればよかったなー（残念そうに舌打ちをして）。

そうだ！　ヤギの柵の回りのススキのところでも時々巣が見つかるよ。（ＩくんとＳくんは、大学に広いヤギの放牧柵をつくった学生だった。）」

などと、一気に、カヤネズミについて知っていたことを全部まくし立てた。そして、思った。

間に合った。よかった。

河原のススキにつくられたカヤネズミの巣。
巣の外観から“使用中”か“使用済み”か私にはわかる

研究室にもどった私は早速、カヤネズミがその冬を過ごすことができる住まいをつくりはじめた。

ちなみに、IくんやSくんにも言ったように、私の研究室にはカヤネズミの巣が三つあった。（カヤネズミが保護された、まさにそのときに、すでに研究室には、カヤネズミの巣がちゃんと置いてある。それも三つも……そんな教員は、日本中探してもちょっといないと思う。）

三つの巣のうち、二つは大学のヤギの放牧柵のそばで見つけたもの。残りの一つは、私がアカハライモリを調べている調査地で見つけたものであった。

これらのカヤネズミの巣は、研究室に入ってきた学生が、野生にあるのと同じ状態で巣を目にすることができるようにと、わざわざ巣（もちろんそのときはもう使われなくなっている巣であるが）がつくられてい

私の研究室には“使用済み”のカヤネズミの巣が3つもある

たススキやアシの草を丸ごと切りとって研究室まで運び、本棚に立つような格好で置いていた。（私は、そのような教育的配慮をいたるところで行なっているのである。私はあまり自慢するのが好きではない人間なので人には隠しているのであるが、結構、そういう教育的な配慮をしているのである。ここだけの話であるが。）

それだけカヤネズミの巣を研究室に置いているのなら、なぜ、二人の学生がカヤネズミを持ってきたときに、すぐにその種類に気づかなかったのか？……読者の方はそう思われるかもしれない。そう思われるのも無理はない。

私自身、その疑問には、何度、自問自答したことか。そして到達した答えは次のようなものだった。

その一。まさかカヤネズミが、冬のさなかに、エレベーターに乗ろうとして大学の建物のなかに入ってくるとは思いもよらなかった。

その二。実は、私がカヤネズミの実物を見たのは、もう四〇年近くも前の、私が利発な小学生のころのことで、その後、一度も、実物は、見たことも触ったこともなかった。

この点については少しお話しさせていただきたい。

家が兼業農家だった私は、日曜日ごとに（当時は週休二日制ではなかった）、二人の兄とともに、父に連れられて、田んぼや山林の仕事を手伝わされた。(自然のなかでの労働が人格を育てる、という父の信念につきあわされて。トホホホ……。)だから、ともかく、稲のつくり方(田起こし、代掻《しろか》き、田植え、刈りとりなど)から、スギやヒノキの植林から手入れの仕方(下草刈り、枝打ち、間伐など)まで、今でも〝体〟が覚えている。ゆがんだ田んぼでも、耕運機で、鋤《す》き残しなく耕すことができるし、大きな木でも、一本の鋸《のこぎり》があれば、どんな方向にでも自由に倒すことができる。

小学校のころ、カヤネズミに出会ったことは何回もあった。刈りとった稲をはぜにかけているると、その稲の葉を利用して、カヤネズミが巣をつくるのである。そして、その巣のなかで子どもを産むのである。巣から飛び出してきた親のカヤネズミや、巣のなかの、まだ目も開かない子どもを何度も見た。

そのころは、河川敷や農地の周辺などでススキやチガヤなどが広く見られ、カヤネズミもたくさん生息していたのだろう。しかし、その後、河川敷もコンクリート化され、ゴルフ場や道路による開発も進み、カヤネズミは姿を消していった。絶滅危惧種に指定されている県もある。ちなみに、大阪自然環境保全協会の畠佐代子さんは、カヤネズミを中心とした里川・里山の野生生物を守るための情報交換の場として、全国カヤネズミ・ネットワークを立ち上げておられる。早速、私も、大学のカヤネズミの情報を送った。

さて、カヤネズミの宿づくり、である。

私は、研究室にあった、適当な大きさの、蓋のついた水槽を取り出した。そのなかに、カヤネズミの巣を入れ、水の容器をセットし、餌として、小鳥用の雑穀（学生と一緒にキャンパスに設置したバードテーブルにおくために用意していた）や煮干（研究室で飼育していたゲンゴロウの餌として用意していた）、サツマイモ（アカネズミの餌として用意していた）を入れ、準備は完了した。

布の手袋をはめ、ビニール袋からカヤネズミを取り出し、準備した水槽に入れて蓋をした。（触ってみてわかったのであるが、ほかの種類のネズミと比べてなんと扱いやすいことか！おそらくカヤネズミは、たとえば、アカネズミのように、強力な後ろ足の力でとびはねたり、高速で走って逃げたりする必要がないような環境で生活しているということなのだろう。）

カヤネズミは、水槽のなかをしばらく探索したあと、引きこまれるようにして巣穴のなかに入っていった。最後に尾がスルッと入っていくのがとても印象的だった。見ていてうれしかった。（このころになると愛着がかなり大きくなってきて、名前をつけたくなった。思案の末、めでたく〝ヤカ〟という名前に決定した。ヤカは雄であった。)

ヤカはその後、いろいろなところで活躍してくれた。(というか、私に、いろいろなところに連れていかれた。)

生態学入門という講義にも連れていかれた。台の上に置かれたものを大きなスクリーンに映す「提示装置」という視聴覚機材で、ヤカのあどけない顔が、二×四メートル程度のスクリーンの上で、学生のほうを向いた。しっぽも映された。巣も映された。カヤネズミの形態や動作と、生息地の関係を説明し、その生息地が減少しつつある状況について述べた。

鳥取市の中央図書館で行なわれた講演会にも連れていかれ、小さめの透明容器に入れられて、参加者に一人ずつ見てもらい、手から手へ移動していった。(ヤカは、草の茎から茎への移動はよくやっていただろうが、人の手から手への移動ははじめてだっただろう。それも自力ではなく他力での移動は。)

ちなみに、申し上げておきたいのだが、私はむやみやたらにヤカにそういう〝活躍〟を強いていたわけではないのである。ヤカの体調(目の輝き、毛並み、糞の状態、餌の食べ具合など)をちゃんとチェックしながら、**「大丈夫か?」「ウン、へっちゃら!」**という心の対話をへて行なっているのである。

学生も含めた多くの人がヤカの姿を見ることによって、多くの野生生物たちが、われわれの行ないのために、密かにそして確実に絶滅に向かっていることに、少しでも気づいてほしい、という思いなのである。


ところで、なぜヤカは冬の日に大学の建物のなかなどに入ってきたのだろうか。

その理由はいまだにわからない。わからないのだが、理由の一つとして次のような推察ができる。

その年は、大学の周辺にカヤネズミがたくさん繁殖していたのではないか。

この推察には少し根拠がある。実は、Iくんたちがヤカを発見した数週間後に、なんと、第二のヤカが発見されたのである。

そのカヤネズミが発見されたのは一階のデザイン演習室とよばれる部屋の入り口の廊下である。ヤカが発見されたエレベーターの前の場所とは、約三〇メートルほど離れた場所である。

この二匹目のカヤネズミ（このカヤネズミには、その後アースという名前がつけられることになる。アースも雄だった）を、私がはじめて目にしたのは、こともあろうに、**「アースがミ**

ニ地球のなかで、地表を破壊しているときであった」。

おそらくこの一文の意味を多くの読者の方はおわかりにならないであろう。（おそらく全員の読者が。）

文の意味はこういうことである。

まず、「ミニ地球」なるものについて説明させていただきたい。

〝自然と人間の精神的つながり〟をライフワークにしている私は、その研究や教育の一つとして、次の世代を担う子どもたちが、〝生態系の仕組み〟をよりよく理解できる方法を考えてきた。その一つが、以前『先生、シマリスがヘビの頭をかじっています！』（築地書館）という本で書いた〝箱庭里山〟である。

子どもが抱えることができる程度の大きさの容器のなかに、石や木を使って丘をつくり、竹やプラスチック容器を使って池やくぼ地をつくり、そのなかに、木々（コナラやクヌギ）や草を繁らせ、小さな動物（ダンゴムシやワラジムシやミズムシなど）を住まわせるのである。もちろん森の腐葉層も入れる。そして時々、ジョウロで水をやる（雨を降らせる）。すると水は地面にしみこみ、池にも流れこむ。

動物たちは、木々から地面に落ちた葉などを食べる。水のなかに落ちた葉は、ミズムシなどの餌になる。池のそばには、木でつくったベンチや家を置いてもよい。そうしてできた生態系の景観は、里山、里地、里川とよばれる。題して、〝箱庭里山〟である。

さて、その後、環境省と文部科学省が主催という形で、毎年、中国・四国地域で行なわれている環境教育リーダー研修を、わが鳥取環境大学で行なうことになった。

私は、それまで定番となっていた、偉い講師の方のお話やパネルディスカッションなどはなしにして、大学周辺の自然や学内の実験設備を利用した体験的、実践的な研修を行ないたいと思った。二泊の宿泊も、従来のように公的な宿泊施設を利用するのではなく、大学の構内に一人一つのテントを張って寝泊まりしてもらうことにした。研修のタイトルも「大学を〝ベースキャンプ〟にして行なう環境教育研修」にした。

そうなると、なんとか、参加者の方が「これはいい。現場（小・中・高の学校やそれぞれの地域）ですぐ使える」と思ってもらえるような実践を考えなければならない。

その一つとして考えたのが、〝箱庭里山〟の進化形としての〝ミニ地球〟である。

〝ミニ地球〟というのは以下のようなものである。

直径三〇センチほどの透明の半球形の容器（台所で使うボール）に、〝箱庭里山〟と同様に、土や石、草、コケ、草食動物、落ち葉、腐葉（なかに菌類や細菌類が含まれている）を入れ、適量の水を注ぐ。上から、もう一つ、透明のボールをかぶせて蓋をし、下の容器と合わせて、一つの球体（地球）にする。最後に、二つのボールの接点（空と地の接点）をクリップでとめる。（もちろん、クリップでとめたくらいでは、接点を通じて、内外の空気の出入りも起こる。完全に密閉するのであれば、接着剤で接点を閉じればいい。）

草食動物にはダンゴムシがお勧めである。密閉された〝ミニ地球〟のなかで、大きさが適当だし、時々姿を現わして落ち葉や生葉を食べているのが見え、ほほえましいのだ。

この〝ミニ地球〟を、森のなかでつくり、部屋の机の上にでも置いておけば（窓際の直射日光が当たる場所は避ける）、〝地球〟の生態系のなかで起こる次のような、物質の循環を一望のもとに思い描くことができる。

「植物の光合成とともに、地中の炭素や窒素、リンなどの物質が植物に吸収されて有機物として蓄えられ、その有機物が（食べられて）草食動物に移り、一方で、動植物の落ち葉や脱皮、糞などによって有機物が地中に落ち、（地中の菌類や細菌類によって有機物が分解されて生じた）炭素や窒素、リンなどの物質が植物に吸収され（以後、繰り返し）……」

さらに、最初に〝ミニ地球〟のなかに入れた水は、ボールの底にたまり（これを地下水、海、池……などと考えればよい）、温度が上がると蒸発して、空（上を覆うボールの内面）に結露して雲をつくり、やがて、小さな水滴が集まって、大きな水滴になり、ボールの内面をつたって地面に落ちてくる（〝雨〟である！）。つまり、地球の海や、雲、雨、川などをめぐる水循環も、見ることができるのである。

さらに、さらに、時間の経過とともに、植物が新芽を出したり、地中に伸ばした新根が透明のボール面を通して見えたり、地面に白い菌糸（多くの菌類はクモの糸のように地面を伸びていく）が広がり、やがてそれが繁殖のために上へ伸び、キノコができたり……。

〝ミニ地球〟のなかで起こる、大きな、また、小さな、さまざまなドラマを感じることができるのである。

ちなみに、〝ミニ地球〟には、最初つくるときに水を入れておけば、あとで、水を与える必要はない。（私が一年近く前につくった〝ミニ地球〟にも、一度も水を与えていない。）それも実に魅力的なところである。光を浴びて、〝ミニ地球〟が自活しているのである。

さて、アース（二匹目のカヤネズミ）であるが、なぜアースが、このような〝ミニ地球〟の

これが“ミニ地球”だ。直径30センチくらいの透明のボールに、土、石、草、コケ、草食動物、落ち葉、腐葉を入れ、適量の水を入れ、もうひとつのボールで蓋をする。
中段の3枚の写真は“ミニ地球”の草食動物＝ダンゴムシ（左の写真のダンゴムシは腹の袋に卵を持っている）。
下段は、枯葉を分解する菌（左の写真の右下の白い糸）と菌糸が束になって傘（胞子生産器官）をつけた、いわゆるキノコ（中の写真の真ん中）、右は地球内の水の蒸発によって天空にできた雲（細かい水滴）

なかに入っていたのか？

それはこういうことである。

私は「里山学」という同僚のN先生の講座のなかで、二回ほど講義を担当している。そしてそのなかの一回で、学生にもこの〝ミニ地球〟をつくってもらったのである。

講義終了後、学生の多くは自分がつくった〝ミニ地球〟を持って帰ったのであるが、六人の学生は、持って帰れないので先生に寄付します、ということになった。

私はそれをどうしようか迷ったのであるが、結局、私の研究室（のテーブルや水槽の上）に置いておくことにした。その結果、私の研究室は、（そのときまでにすでに置いていた一つの〝ミニ地球〟と合わせて）七つの〝ミニ地球〟が点在する、ちょっとした小宇宙

私の研究室に置かれた“ミニ地球”

（！）になったのだ。

地球が七つになる前にも、私は、約一年前に誕生した地球（つくり主は私である）のなかをのぞくのが毎日の日課になっていた。そこに、学生たちの性格を反映した、タイプの異なる六つの地球が加わったのだ。それぞれ、物質循環を続けながら、どんな地球になっていくのか、楽しみに感じていた。

そんなときだった。一つの地球に異変が起きたのは。いつものように研究室に入ると、**テーブルの上に置いてあったある地球のなかで、何か巨大な生き物が動いているのが見えた。**

驚いて近づいてみると、**巨大なネズミが、地球表面を掘り返しているではないか！**（それが、カヤネズミ、アースだったのである。）

コケ植物が広く繁栄していたその地球では、コケが

ある日、研究室に入ると、ひとつの“ミニ地球”に闖入者が！

裏返しになって無残な姿になっていた。昔なら、ウルトラマン、今ならガメラの世界である。（これもだいぶん古い？）

これはいったいどうしたことか！

その理由は、アースが暴れている（ほんとうは、快適に隠れることができる場所を探して、あちこち、地球の地面にもぐっていたのだろう）地球の下に敷かれてあった、古文書のようなものを読み解いて、やっとわかった。それは学生が残したものらしく、鉛筆でひょろひょろ書かれていたので、古文書のように読みにくかったのである。以下が、その古文書の文章である。

> 先生の里山学を受けたNです。環境デザイン室の前で、ネズミをつかまえました。先生に渡そうとしてもってきたのですが、先生はおられず、入れ物もなかったので、先日の実習でぼくがつくったミニ地球に入れておきます。よろしくお願いします。

これが、「ミニ地球を破壊する巨大ネズミ出現の秘密」だったのである。

そういうことか。Nくんは、カヤネズミを見つけて私に持ってきてくれたのか。私はいないし、入れ物もない。ひょっと見ると、テーブルの上に、以前自分がつくった〝ミニ地球〟があったから、それになら入れても叱られないだろうと思って、クリップをはずして入れたということか。

カヤネズミは、春・夏・秋にはススキなどの地上部で生活し、それが枯れる冬には、地面に下りて浅い穴を掘って過ごすらしい。だから、〝ミニ地球〟のなかでもその能力を発揮したのだろう。

それにしても、IくんとSくんがヤカをエレベーター前で見つけて一カ月もたたないうちに、Nくんが二匹目のカヤネズミを発見するとは。今年は、大学周辺にカヤネズミが多いということだろうか。

私は、Nくんが〝ミニ地球〟に入れたカヤネズミを、注意しながら取り出し（やっぱりカヤネズミはおっとりしている。たとえば、アカネズミだったら絶対にこうはいかない）、アースと名づけ、ヤカとともに春ま

"ミニ地球"を破壊していたアース

で世話をすることにした。

アースが破壊した地球の地面は、修復してもとどおりの地球にした。一方、**本物の地球は、ホモ・サピエンスが破壊しつづけているが、ウルトラマンがやって来て直してくれたりはしない。**

私は、河川の水辺に、アカハライモリやスナヤツメ、メダカ、ゲンゴロウといった絶滅危惧水生動物が棲める生息地を再生させている。そうやってつくった水辺の周辺には、ススキやチガヤなども育ち、カヤネズミにとっての生息地にもなるだろう。

それは、ウルトラマンに出てくる怪獣に、ダンゴムシの赤ん坊が噛みついたくらいの小さな修復にしかすぎないだろう。でもそれが、われわれホモ・サピエンスにとっての、野生生物の重要さを身をもって知っている人間の、やむにやまれぬ行動なのである。

私は、河原の水辺に絶滅危惧水生動物たちの生息地を再生している

この下には
何か物凄いエネルギーをもった
生命体がいる！

砂利のなかから湧き出たモグラ

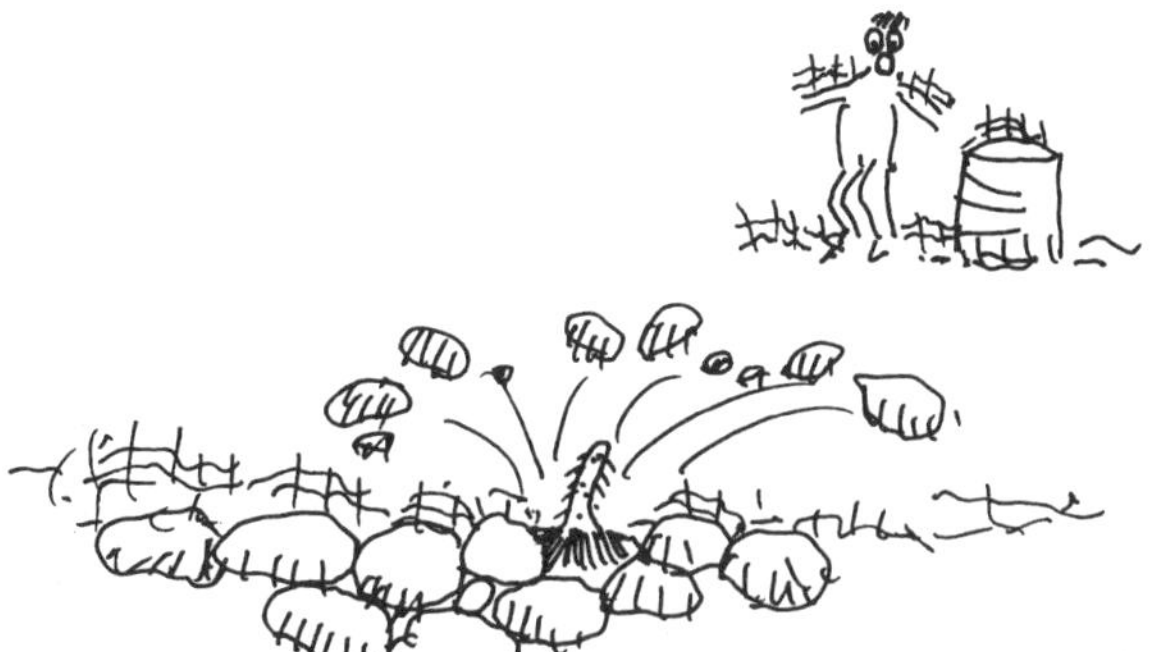

鳥取には、全国的に有名な「鳥取大砂丘」がある。

砂丘専用の駐車場から階段を上がりきると、雄大な砂丘の景色が目の前に開ける。その景色の中央には、海岸からせり上がるように盛り上がった、「馬の背」とよばれる大きな砂の〝壁〟が目につくはずである。

その「馬の背」の砂は、風の状態に応じて、その表面にさまざまな模様（風紋という）を描き出す。雄大さと緻密な模様とが融合した魅力的な世界である。

もし、まだ一度も来られたことがない方がおられたら是非一度どうぞ。


さて、もし、そんな**鳥取砂丘の砂のなかから、突然、巨大なモグラが現われるという事件が起きた、**と言ったら、はたして信じてもらえるだろうか。

もちろん、すぐには信じてはもらえないだろう。当

これが雄大な鳥取砂丘だ

然だ。そんな事件が起きたことはない。（しかし、それに近い事件が実際に大学で起きたのだ。だから私はこの章を書くことになったのだ。）

私は、「馬の背」から一キロメートルほど東へ行った浜辺で（そこも鳥取砂丘の一部ではある）実習をすることがある。テーマは「砂浜に成立する動物を中心とした生態系の把握と保全」である。

私は、砂浜で生き物たちを探したり、砂の上に残った跡を読みとって、生物の活動を推察したりするのが大好きである。その一つの理由は、**砂浜の生態系のユニークさ**である。

砂浜には動物が少ないように思えるが、そうではない。砂浜に特有な、しかし、森や河川と構造的には同一の生態系をつくり出しているさまざまな動物たちが

砂浜には、海藻や木の枝などの有機物が打ち上げられている

いる。たとえば、森の地面にいるワラジムシ、川のなかにいるミズムシに対応した動物として、姿もそれらによく似たヒメハマトビムシが砂浜にはいる。これらの動物はすべて甲殻類に属し、植物の枯れた組織などを食べて生きている。

砂浜には、海から打ち上げられた海藻や、河川からいったん海に出て浜辺にやって来た木の枝やアシの茎などの植物組織、水中に漂う細かい生物の断片の沈殿が存在している。

「海藻」も「植物組織」も「水中に漂う細かい生物の断片の沈殿」もみんな、有機物である。

有機物というのは、もともとは、おもに植物が、葉や根から吸収した炭素や窒素などを、その原子の間に太陽の光エネルギーを封じこめながら結びつけてつくった大きな分子である。具体的には、ブドウ糖やアミ

浜に打ち上げられたコンブの上にいるヒメハマトビムシ

ノ酸、さらにそれらがつながった炭水化物やたんぱく質などが有機物である。生物の体の（水に次ぐ）主成分である。

このような、エネルギーを含んだ有機物であるから、**有機物があるところなら、動物は生存できる。**そこが森であろうが、川のなかであろうが、砂浜であろうが、その有機物を体内に取りこんで分解し、発生したエネルギーで生命活動を進めるのである。

典型的な生態系のなかでは、植物が、葉や根から吸収した分子の間に太陽の光エネルギーを封じこめてつなげて有機物をつくり、草食動物が、緑葉など植物の生きた組織や、枯葉や枯れ枝など死んだ組織を取りこみ、肉食動物が、草食動物の体の有機物を取りこみ……という食物連鎖が成立している。

砂浜の生態系も、ほかの場所の生態系と原理的には同じなのであるが、一方で、独自な面もある。その一つは、有機物が連続して均一に存在するのではなく、**有機物の大小の塊が、砂浜のなかに、分散して存在する**ところである。

たとえば、海中の岩に張った根がはがれて海水を漂い、砂浜に打ち上げられ、それにからめとられるように、アシの茎や木の小枝が集まってできた、直径一メートル程度の有機物の塊。その塊が、半分砂のなかに埋もれ、砂浜に存在しているのである。

いつも私は、その、食物連鎖の始まりの有機物塊の中や下に、どんな動物がいて、どんな生態系が成立しているのか、ワクワクしながら塊をあばく。一つの閉じられた**ミニ生態系、ミニ地球をのぞくような瞬間である。**

何種類もの、ハマトビムシ、コケムシ、ゴミムシ、ハサミムシ、カニなどが飛び出してくる。

すごいすごい！

その感激を学生諸君に味わわせてあげたい（私も味わいたい。いや、私が味わいたい）という思いで、「砂浜に成立する動物を中心とした生態系の把握と保全」と題した実習を、保全生態学のなかに取りこむことにしたのである。

実習では、各グループごとに、海藻や流木、アシの茎などが寄り集まった有機物の塊を、その下の砂と一

実習中の学生たち。浜辺に打ち上げられた有機物の塊を、下の砂ごとスコップですくいとっている

緒にガサッと、丈夫なナイロン袋に取りこみ、実験室に持って帰る。そして、実験室で、白いバットに小分けにして、動物たちを探し、別な容器に入れていく。

探し終わった砂のまじった有機物塊は、バットに入れたまま、実験室のすぐ近くにある大学棟裏口に面する、草の生えた斜面に捨てる。それを繰り返して、採集してきた有機物塊のなかの草食動物と肉食動物を全部探し出すのである。


さてそろそろ「砂から現われた巨大モグラの話」に移りたい。

それは、調べ終わった砂まじりの有機物塊を、大学の裏口の斜面に捨てる作業を、私も学生と一緒に行なっているときのことだった。

先ほどからご紹介している、実験室に近い裏口を出

「砂浜に成立する動物を中心とした生態系の把握と保全」の実習に参加した学生たちの集合写真。こういうときの彼らの表情が私は好きである。元気づけられる

たところには、大学の建物が地面と接する部分に、三〇センチくらいの幅で、砂利が敷きつめられている。深さは、二〇センチほどある。

その砂利の層は、建物の壁に沿って建物を取り巻くように存在しており、さらにその外側を、コンクリートの枠が囲っている。つまり、砂利の層は、城の〝お堀〟のように大学の建物を囲っているわけである。

私が、調べ終わった砂まじりの有機物塊を斜面に捨てて、空になったバットを持って裏口からなかに入ろうとしたとき、**後方で、ガラガラ、ガラガラという音が聞こえた。**

はっとして後ろを振り向くと、なんと、砂利の〝お堀〟の一地点で、水底から噴出した水が水面に盛り上がりをつくるように、**砂利がガラガラと湧き上がっている**ではないか。（〝一地点〟とは言っても、直径一〇センチ以上の広さがあったが。）

その動きは水や砂が湧き上がるような動きだが、なんといっても砂利の石は、それなりに大きい。（直径が一、二センチはある。）その砂利の群れが、下からの力によって湧き上がるように動いているのである。

私の脳は直感的に、**「この下には何か物凄いエネルギーをもった生命体がいる！」**と告げた。

なぜ脳は「生命体」と感じたか――。

砂利の動きが、複雑だったからである。単純なパターンの力の働き方では、砂利はけっしてそんな動き方はしない。

次の瞬間、脳は、その生命体の正体を「大きなモグラだ！」と告げた。

すばらしい。

私の目と心は、その地点に釘づけになった。そして、**かたずを呑んで、次の展開を待った。**

しかし、その物凄いエネルギーの生命体は、砂利の下で、少しずつ場所を移動することはあるものの、砂利の外に姿を現わすことはなく（私は、もし飛び出してきたら、手が血だらけになっても捕獲してやろうと、悲壮な覚悟を決めていたのだが）、相変わらず、砂利のなかにもぐったままで、砂利群を噴き上げていた。

そのときである。

「この下には何か物凄いエネルギーをもった生命体がいる！」の舞台になった場所。建物とコンクリートブロックの間には砂利が入っている

さすがというか、単なる偶然というか、脳の隅の隅の隅にあった教育者としての私が頭をもたげた。

これはいい機会だ。学生にこの感動を体験させてあげたい！

急いで実習室にもどり、作業をしている学生たちに「何か大きな生き物のようなものが裏口の砂利のなかで動いているから、見にきなさい」と言った。

学生たちは、「なに、なに」と言いながら、ぞろぞろ私について来た。

幸い、砂利の下の生命体はまだそこでうごめいていた。砂利を噴き上げながら。

それを見た学生たちの多くは、驚きと不安と好奇心が入りまじったような顔で、その砂利の動く地点を見ていた。

私は学生たちに質問した。

「これはどう考えても生き物ですね。しかも、こんな砂利を激しく動かすのだから、かなり大きな力をもった動物だと思われます。なんだと思いますか?」

考えろ、考えろ、君らの知識を総合して考えろ……と思いながら投げかけた質問だった。少なくとも、学生たちの脳内にしばらくの間、集中した思考が続くだろう。われながらすばらしい教育だ。（私の単なる個人的な楽しみとも言えなくもないが……。）

ところが〝すばらしい教育活動〟は、次の瞬間、あえなく終わりを迎える。状況は思わぬ方向へと進んでいったのである。

女子学生のMさんが、私の質問を聞いてすぐに、**「先生、それはモグラです」と、何事もなかったかのように答えた**のである。

何事もなかったかのように、である！

それればかりではない。続いてMさんは、あろうことか、さっさと砂利が湧き上がるほうへ進んでいき、なんと、なんと、湧き上がる砂利を一つ一つ持ち上げはじめたではないか。

私はもうあっけにとられた。

そんな私に、Mさんは、にっこり微笑み、振り返って言ったのである。

「ほら、モグラの背中が見えます」（ほら、モグラの背中が見えます⁉）

もういい。もういい。勝手にやって。へたへたと心がしおれる私に、Mさんは追撃の手を緩めなかった。

「ほら、触れますよ」

（ほら触れますよ⁉　ほら触れますよ⁉）

完敗だ……（この学生はいったいなんなんだ）。

私にはそんなことはできない。素手で、かなりの大きさの野生のモグラに平然と触ることなど、私の発想のなかにはなかった。

私はそのときまで、生きたモグラを見たことがなかったのである。映像では何度も見たことがあるし、死んだモグラにも何度も出会ったことはあった。しかし生きたモグラをじかに見たことはなかった。

モグラと同じ、食虫類に属するヒミズという哺乳類には触ったことがある。林で見つけ、手袋をはめた手でつかまえたこともある。（一週間ほど飼育した。）

モグラとヒミズは、形態（全身の形、毛並み、手足、しっぽ、鼻など）がよく似ていた。

しかし、なにせ大きさが違っていた。モグラはヒミズの何倍も何倍もある。そして、モグラも、ヒミズと同じように、鋭い歯をもっていることを知っていた。

砂利のなかからモグラが姿を現わした！

そんな**モグラに私はとても平然とは触れない。どうしよう。**

学生たちが、事の成り行きを見守っている。私の脳は素早く作戦を練った。

私はまず笑顔になった。笑顔をつくった。にこやかに微笑みながらMさんに言った。

「そうそう、君はよく知っているね。モグラだね。おそらくコウベモグラだろう」（それくらいの知識はある。実際あとで調べたらコウベモグラだった。）

ここまで言って、少し落ち着いた。少し落ち着いたので調子が出てきた。

「よし、いい機会だから私が砂利を掘り起こして、モグラをみんなに見せてあげよう」

Mさんが触っても大丈夫だったのだから、大丈夫なのだろう（おそらく）。

平然と素手でモグラに触るMさん

それに、**何かMさんを超えることをしないと、私の張りぼての面子《めんつ》がつぶれる。**私は軍手をはめ、うごめく砂利を勢いよくはがしていった。

さすがに捨て身の私の熱意に、モグラは動揺したのか横へ横へと砂利のなかを移動しはじめた。

砂利層の下には、固い土の層があって、モグラは下にもぐることができない。かといって、簡単に地上に出ることはできない。そんな状態だったのだろう。（そもそもなぜこんなところに入ってきたのか、それがいまだに謎なのだが。）

しかし、モグラにとっては運悪く、砂利層は、裏口の手前で、一端、コンクリートの外枠で仕切られており、それ以上、横へ進むことはできなくなっていた。

そして、いよいよモグラも意を決したのか、コンクリート外枠の行き止まりのあたりで、外へ飛び出した。飛び出して砂利層の表面を走りはじめた。

学生たちから喚声が上がった。

こうなったら、もう私のものである。すぐさま私は、こういう状況も想定して持ってきていた魚とりの網を素早く手に取り、モグラにかぶせ、捕獲した。

これが、アカネズミなどだったら、網に入ったからといって、けっして終わりではない。網から飛び出して逃げようとするからである。実際に、そんな状況で、何度アカネズミに逃げられたことか。

しかし、モグラは違った。

モグラにはそんなとき、下へ下へと（下の土をめざして）逃げようとする性質があるらしい。網の底を一生懸命、前肢で掻き分け掻き分け、同じ動作を続けている。もちろん、網の底から脱出することはできない。

私は、学生のみんなにも見せてあげたいと思った。

周りを見渡すと、裏口のそばに、直径五〇センチほど、深さ一メートルほどのゴミ容器（なかには何も入っていなかったが、おそらくゴミ容器だろう）が目に入った。私は、モグラをそのなかにそっと移した。なんと扱いやすい動物だろうか。

ビロードのような毛に包まれた楕円卵形の黒い塊、その後ろにはチョロッとしたかわいい尾、前にはピュロッとした細長い鼻がついていた。前肢はすごい。大きくて肉厚、立派な爪も見えた。

相変わらず、懸命に容器の底を左右に掻き分けている。すべて、穴のなかでの生活に適応した形態であり、行動であろう。

意外に、とてもかわいいではないか。

そんなことを思いながら、私は、いつものことながら、**自分にとって新鮮な動物に魅了されていった。**

そうそう、忘れていた。学生に見せてあげるのだった。「みんな見てみなさい」

学生たちは、容器を取り囲んでなかをのぞきこんだ。学生たちは「かわいい」と口々に言った。

どうだ、かわいいだろう。（私はもうほとんど、自分の子どもを自慢する親の気分だ。なぜそういう理屈になるのか自分でもよくわからないが。）

学生たちは次々と、携帯電話でモグラの写真を撮りはじめた。私は、モグラの写真を撮っている学生たちを、いつも持ち歩いているカメラで撮りはじめた。モグラに興味を示す学生たちの行動も、私の大切な研究（人間比較行動学）の対象なのである。

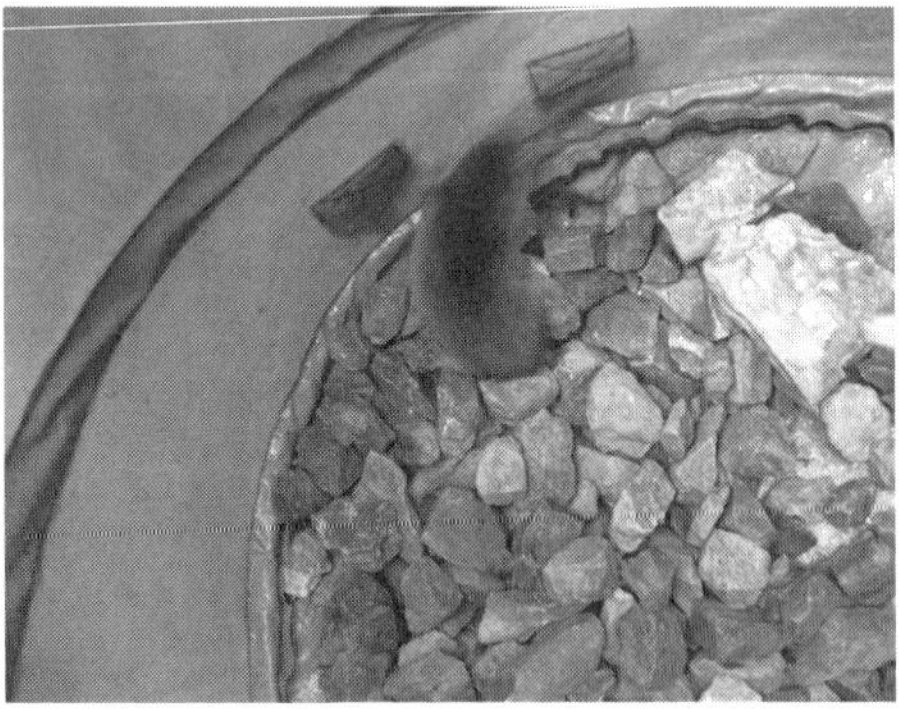

空のゴミ箱に砂利を入れ、そのなかに網で捕獲したモグラを入れた

学生たちは、「手がすごい」とか、「しっぽが短くてかわいい」とか、「目が見えないけどあるのかなー」とか、「毛を触ったら気持ちよさそう」とか、「体が軟らかそう」とか、いろいろ会話しながら写真を撮っている。

「そうそう、君たちが今言っているような特徴は、ほとんどが、モグラの地中での生活に適応した特徴なんだよ」と私が落ち着いた低い声で言う。**（いつの間にか私はモグラの専門家のような気分になっている。**人間とは恐ろしいものだ。）

さて、モグラ事件が一段落して、私は「じゃ、そろそろ実習にもどろう」と、学生たちに実習の再開をよびかけた。（こんなアクシデントは私の実習にはつきもので、それも実習の一部ではあるのだが。）

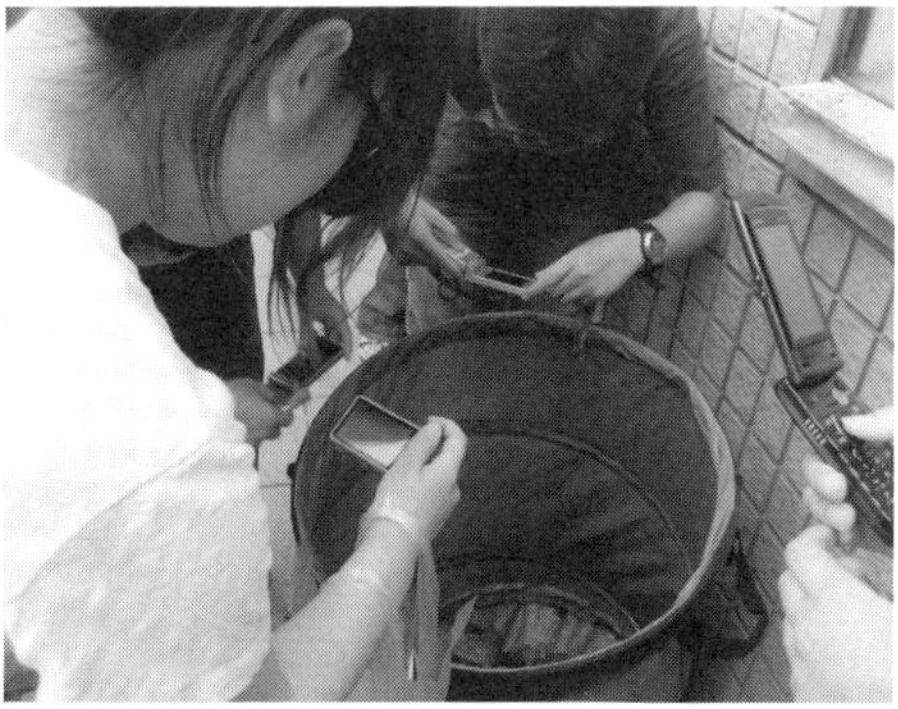

「かわいい！」と携帯電話で写真を撮る学生たち

そして、モグラは？

モグラは、私が、ゴミ箱ごと実験室の奥の飼育室に持って入った。半分は、実験してみたいことが思い浮かんだことと、半分はもちろん、そのモグラと、もう少しお近づきになりたいと思ったからである。

ところで、砂利の下でうごめく生命体に躊躇せず近づいて砂利を持ち上げ、私を危機に陥れたMさんのことであるが、あとで話を聞いたら、こういうことだった。

Mさんの家では、ネコがよくモグラをつかまえてくるらしい。そしてそのモグラが生きていることがよくあり（確かにそういう話はよく聞く。ネコが主人に見せにくるのだと言う人もいるが）、ネコが口からモグラを放すと、モグラはミューーミューーと鳴いて逃げようとするのだという。（私は、ミューーミューーと？と聞き返した。残酷といえば残酷だが、モグラがミューーミューーと鳴くというのはちょっとした驚きだったので。私も狩猟採集人の末裔なのだ。）

だからMさんは、モグラになじみがあり、モグラが怖くないのだという。

理由はどうあれ、Mさんはすごい！

学生たちは、実習の続きを再開した。黙々とやっている。立派だ。

私はモグラのことが、頭からなかなか離れない。

今、ゴミ箱のなかでどうしているだろうか。

あのビロードのような体毛、鱗のような模様の甲の力強い手、なんとも愛らしいチョロッと伸びた鼻としっぽ、そんなものが自然に頭のなかに湧いてくるのである。今日はもうここで実習は終わりにしようかとも思った。

しかし一方で、私の頭は、〝砂浜の生態系の実習〟とモグラに、密かに因縁のようなものも感じていた。

というのは、砂浜のスナガニにしろ、ある種のハマトビムシにしろ、砂の地面に穴を掘って生活している。場所こそ違え、モグラも、草原や林、耕作地の地面に穴を掘って生活している。（特に今回のモグラ事件のモグラは、砂に似た砂利のなかに穴を掘ろうとしていた。）

各々の場所で、地面や地中の有機物を餌として生きる、互いに似た生活をしていると言えなくもない。これらの動物は、生物学的には、土壌動物という分類群に入るだろう。ただし、砂浜に比べ、草原や林、耕作地は、土中の有機物が圧倒的に多い。だから、後者の場所では、土壌動物の種類も量も多く、サイズも、モグラのように大きな動物も生息できる、ということなのだろう。

さて、実習も終わり、片付けと、次の時間の説明をした私に、しっかりもののIさんが、諭すように言ってくれた。

「ゴミ箱は公共のものですから早く返却したほうがいいのではないですか」

（学生が教員に遠慮せず何でも話せる雰囲気をつくり出すこと――これは大切なことだ。私にはそれが自然にできるのだ。）

ずっと前から置いてはあったけどいつも何も入ってないし、実際にゴミ箱として機能していた様子もないし……と、心のなかではそっとつぶやいてみたが、それはIさんのほうが正しい。私はIさんの諭しに快く従うことにした。

というか、私は、実習の終了と同時に、モグラのと

モグの住まい。大きな水槽のなかにレンガで通路をつくり、落ち葉や腐葉土を入れてやった

ころへ行き、嬉々としてモグラの飼育場をつくりはじめた。一刻も早くゴミ箱から、モグラに快適さを与えられる場所に移してやりたかったのだ。

いろいろと思案したあと、私は、五〇×七〇センチの大きな水槽のなかに、レンガで、モグラ（名前はいろいろ考えた末、〝モグ〟にした）の通路をつくり、裏の林から取ってきた落ち葉や腐葉土を入れてやった。

モグをゴミ箱から移すと、モグは快適そうに、その通路を行き来し、気に入った場所に自分で、落ち葉などを集めて巣のようなものをつくりはじめた。

ところで、**モグラを飼うには、一つ大きな問題があった。**（私は以前、何度かヒミズを飼ったことがあったが、そのときの経験からよくわかっていた。）

その問題というのは〝餌〟である。

快適そうに通路を行き来し、気に入った場所に落ち葉で巣をつくりはじめた

モグラやヒミズなどの食虫類（哺乳類のなかの一グループ）は、とにかく大食漢なのである。単位時間当たりのエネルギー消費が高く、絶えず胃のなかに何かがある状況でないと死ぬ可能性が高くなると言われている。

私は覚悟を決めてモグラの主食であるミミズ集めに奔走することになるのであるが、そのためには、克服しなければならない問題があった。

それは、**私自身の、ミミズ恐怖症である。**

今さら言うのも恥ずかしいが、私は動物が好きである。

小学校六年生のとき、国語の教科書のなかに、誰かが（どこかの小学校六年生の男子だったと思うが）、それまでの自分の生い立ちを振り返って書いた「わが生い立ちの記」という文章が載っていた。国語の先生は、皆さんも〝わが生い立ちの記〟を書きましょうと言った。取り立ててなにもやってこなかった私は気が重く、なかなか筆は進まなかった。

そんなとき、はっと思いついたのが、タイトルを〝わが動物の記〟（それまで触れたり飼ったりしてきた動物についての話）に変えることであった。

勝手にタイトルを変えて書きはじめると、どんどん筆は進み、大分な量になったのを覚えている。なにせ、私の家の周りには（たまに探検した遠くの山で出会った動物も含めて）、いろんな動物がいたのだ。

しかし、そんな私にも、大変苦手な動物が一つあった。それは、〝大きなミミズ〟である。小さいミミズはなんでもないのであるが、**大きなミミズを見ると、背筋がぞーっとするのである。**

学生たちにも飲み会などでよく話をするのであるが、「なぜ私がミミズ恐怖症になったか」——その理由を私はよく自覚している。

それは私が小学校の低学年だったころのことである。

ある日、山で遊んでいて急に雨が降ってきた。私は走って家に帰ったのであるが、家の側面から正面へ曲がる角のところで、大きな大きなミミズがはねていたのである。（小さな子どもにとっては、大きなミミズは、一層大きく感じられたのだろう。）

桃色の肌が雨にぬれてヌルッと光りながら、ピンピンはねていたのである。

小林少年は、はっとしてその場に立ちつくした。（そのときのショックは大きかったのだろう。今でもその光景は思い出される。）

おそらくそれが主要な原因だろう。

今でも、不意に大きなミミズを見ると、特に、表面がヌルッとしたミミズを見ると、〝何か手に巻きつかれそうな〟と言えばよいのだろうか、ゾクッとして思わず身が引けるのである。（そのあと、意識して「これはミミズだ。大丈夫だ」と自分に言い聞かせれば、触ることも持つこともできる。ただし、そうしているときでも、ゾクッとした気持ちは完全にはなくなってはいない。その気持ちを感じつつ、触っているのである。）

しかし、モグは、そんなミミズが大好きである。大好きというか、それがなければ死んでしまうのである。**私は敢然と、幼いころからの恐怖症に立ち向かう決心をした**のだった。

さて、モグの胃を満たす大きなミミズはど

落ち葉が多い木の根元には大きなミミズがたくさんいる

こにいるか。私はキャンパスのなかを、大きなミミズを求めてさまよい歩き、やっと、たくさんの大きなミミズが生息している場所を見つけ出した。

それはキャンパスのなかに植樹されている何本もの木の根っこである。根っこの周りには、キャンパス内で刈りとられた草が積まれていた。（やがてそれは堆肥になる予定であった。）

その積まれた草の下に、ダンゴムシやワラジムシなどの土壌動物にまじって、大きなミミズがたくさん生息していたのである。（ミミズの分類は難しいのであるが、たぶんフトミミズであろう。）

そこを見つけたときの気分は複雑であった。

まず、背中がぞーーーっとした。

しかし同時に、やったと思った。

（この両方が一緒になったときの気分を皆さんは体験されたことがあるだろうか。カルピスのなかに醤油が入ったような味わいと言えばよいのだろうか。）

私は、思いきってミミズを、草と一緒にガバッとつかみ、ビニール袋に入れていった。一日二回、一回に二〇〜三〇匹のミミズを集めては、モグに与えた。もちろん、モグはすごい勢いで、ミミズに突進していった。（モグの行動については、あとで詳しく書く。）

そんなことを繰り返していると、一週間もすると、背筋がぞーっとする感じも少しずつ薄らいでいく気がした。

余談だが、昔、ホンドタヌキの行動を調べていた私の妻も、ミミズをよく集めたという。タヌキがミミズを大変好むというのである。

タヌキは立派なイヌ科の動物であるが、いわゆるハンティングをしてネズミやウサギなどの動物を捕らえることはまずない。もっぱら下を向いて歩き、地面の果実やミミズや昆虫を食べるのである。そんなタヌキはミミズが大好きで、ミミズを与えるとおいしそうにパクパク食べるのだそうだ。そんな場面をずっと見てきたから、大きな太ったミミズを見ると、妻自身も「おいしそー」と思うのだという。お腹がすいているときはよだれが出るような思いになったと言った。

私にはとうてい、信じられない。ミミズを口のなかに入れるなど、想像しただけでも身震いがする。……しかし正直に言うと、ミミズをおいしそうに、勢いよく食べるモグを見ていると、妻の気持ちも少しはわかる気がする。

さて、今までの長い人生のなかで、はじめてモグラを飼うことになった私は、今さらながら、自分の本性というか、そういったものに気づかされた。

とにかく、はじめてじっくりと見るモグラの行動に目と心が釘づけになるのである。いつまで眺めていても飽きない。

昆虫好きの少年がカブトムシやクワガタムシを間近で眺めているときのような精神状態と言えばよいのだろうか。とにかくワクワクするのである。

ただし、一つ、〝少年〟と違うところがある。

私は、「モグラの行動に目と心が釘づけになっている」自分の姿をもまた、客観的に見つめているのである。そして、「なぜ私は、そんな精神や行動をもっているのか」についても考えるのである。

そのような、自分自身の行動や心の状態を意識する脳の活動は「自我意識」とよばれ、それを担う領域は大脳の前頭野にあることも大まかにはわかっている。

自我意識は、もともと、個体同士のつながりが複雑になったホモ・サピエンスの社会のなかで、「相手の心を読みとる」〝習性〟として発達した脳活動が、自分の心に向けられるようになったものだと考えられている。自分の心や行動の状態が意識できれば、それらの整理やコントロールもしやすく、それは本人の生存や繁殖にとって有利に働くというわけである。

いずれにしろ、私は、はじめて間近で見る生命体＝モグの一挙手一投足《いっきょしゅいっとうそく》をワクワクしながら見ている自分が好きである。**研究の原点、原動力はそこにある、**というか、そういう体験のなかから生まれてくる研究をやっていきたいと思うのである。

もちろん、私の場合、育ってきた環境などから対象が〝生命体〟になったが、人間にとって、さまざまなものがワクワクの対象になりうると思う。それが〝機械〟であったり〝音楽〟であったり……。

だけど、一つ言えることは、**ホモ・サピエンスの脳には、生命体に対して興味・関心を示す習性が、潜在的には、備わっている**ということである（と思う）。それは、その習性が、ホモ・サピエンスの本来の生活環境のなかで、生きるためにきわめて重要な習性であったからである。

別にモグを捕獲して食べるわけではないが、私も、モグという対象の性質を知ることに集中した。

飼育を始めた最初のころは、モグが、自分の体の幅と同じくらいの通路を体をほとんど揺らすことなく前進したり、前を向いたそのままの姿勢で後退したり、さらに、狭い通路のその場で、体を曲げて方向転換するのを（腰の特殊な構造の骨がそれを可能にしていると言われている）感心しながら見ていた。そして、少しずつモグラの生活の少し深い部分が観察できるようになっていった。

モグへの餌の与え方は決まっていた。

私が十数匹のミミズを持ってモグのところへ行くと、モグは自分でつくった巣で休息していることが多かった。そこでまず、ビニール袋のなかからミミズの塊を出し、飼育容器の隅に置く。そしてそのなかの一匹をつまみ、場所を移動させて、モグの鼻先にたらしてやるのである。

ちなみに、そのとき大切なことは、「モグ、ほらミミズだよ。俺がミミズをやっているんだよ。わかったな」と繰り返し言うことである。

そうすると、動物は徐々に、ああこの人が食べ物を

私の手からミミズを食べるようになったモグ

くれるんだ、と学習する。言い方を変えると、そこに、餌を媒介にした純粋な信頼が両者の間に生まれるのである（〝恩を売る〟とも言うが）。そうすると実験がしやすくなる、というわけである。

モグは、たいてい、私がたらしたミミズにすぐ気がつき、ミミズに飛びつきすごい勢いで食べはじめる。それから、巣を出て、レンガの通路を移動しはじめる。（おそらく餌探しのスイッチが入るのだろう。）やがてモグはミミズの塊を探しあて、めでたしめでたし、ということになる。

栄養の偏りも考えて、時々、昆虫も与えた。**モグがいちばん喜んで食べたのは、セミだった。**ちょうどそのころ、キャンパスの木々にはアブラゼミがたくさんいた。（ここだけの自慢話であるが、セミ捕りの名人は、木から飛びたったセミを網で取ることができる。また、木にとまっているセミを素手でつかまえることができる。もっと名人になると、木から飛びたったセミを素手でつかまえることができる。〝真剣白刃どり〟のような呼吸である。私にはそれができる。）

以前、モグラはミミズを噛んで麻痺させ、地下の貯蔵部屋にたくわえておくという説があった。しかし、現在では、自然のモグラの巣穴のなかに、貯蔵庫にあたるようなものはないことがわかっている。

私の推察では、〝モグラの貯蔵庫〟は、飼育下のモグラの観察から言われはじめたことではないかと思う。というのも、モグは、水槽内の〝レンガ巣穴〟のなかで、貯蔵行動ではないかと思われるふるまいを見せたからである。

モグがミミズの塊を食するときは、一匹ずつミミズをくわえて、そのままバックし、あっと言う間に口のなかへミミズを入れていく。そして、三、四匹ほど食べると、次からは、ミミズを噛むだけで、口のなかには入れない。しかし、モグが何回か噛むと、ミミズは動かなくなった。そして、それらのミミズを、〝レンガ巣穴〟の二、三の場所の土中に埋めてその場を離れるのだった。

そんなモグの一連の行動の一部始終を見たとき、**私は、心が小さな幸福感でいっぱいになった。**知的な満足と、何かもっと根源的な満足感である。後者の満足感は、私の脳のなかに、人類の祖先から（遺伝子によって）しっかりと受けつがれている、狩猟採集人としての回路がつくり出す感情だと思いたい。

ところで、ミミズを探していると、近くを通りかかった学生や教職員の人たちから「先生、何をしているんですか」と声をかけられることがあった。たびたびあった。

そういう人は（全員ではないが）気の毒だ。声をかけたあと、悔やんだ人もたくさんいたと思う。

なぜなら、私は、ミミズを探しはじめて数日足らずで、ミミズが棲んでいる木の根元に広がる腐植性土壌世界についての、いっぱしの解説者になっていたからである。実際、そこには、私に、ちょっと長めの解説をさせずにはおかない、すばらしい世界があったのだ。

たとえば、ミミズがたくさんいる場所の土が、いかに豊かな顔をしているか。

ミミズが肛門から出す土（ミミズは、栄養を含む枯葉や枯れ枝の断片を土ごと食べ、消化管のなかで分解したあと、一部を吸収し、残りの栄養を土と一緒に排出する）は、小さな粒になって積み上がり（それを団粒《だんりゅう》構造と言う）、空気や水を通すふくよかな土壌になっている。

そしてそんな場所には、ダンゴムシやワラジムシ、それを餌にするハサミムシ、さらにはクワガタムシやコガネムシなどの甲虫類の幼虫がいっぱいいいたのである。それは、ミミズが少ない、あるいは、いない土壌とは好対照であった。

そのうちに、キャンパスの中庭で、しゃがんで木の根元を探る私に声をかける人はいなくなっていた。

一方、モグのほうは、私が少しずつ体に触ることに慣れ、短時間なら、体を握って持ち上げることもできるようになっていた。そのとき、**顔の先からチョロッと出た鼻に触ることもできる**ようになっていた。もちろんモグは、大きな手で空中を掻き、私の手から脱出しようとした。しかし、その動きもだんだんと緩やかになっていった。

そろそろ、例の実験を始める時期だ。

つまり、モグの飼育容器内での行動のパターンもだいたい読めるようになってきたし、モグも、飼育容器内での生活に

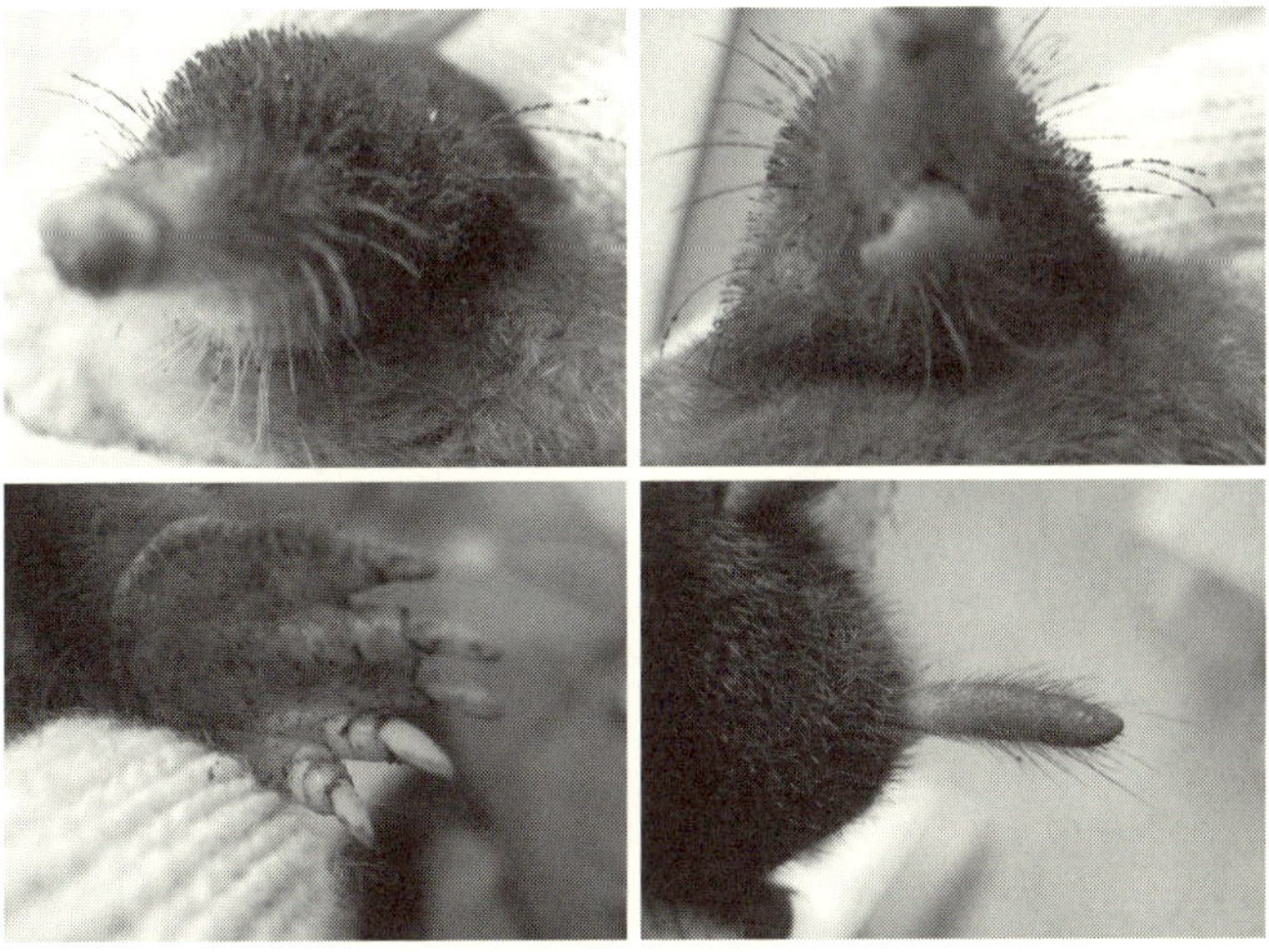

モグラのモグ。ピュロッとした細長い鼻、立派な爪のある肉厚な手、チョロッとしたかわいいしっぽ。短時間なら私が体に触ることにも慣れてきた

慣れ、私に対する警戒心もだいぶ解いてきた……そういう時期という意味である。

ちなみに、哺乳類にかぎらず、動物についての行動の実験では、このような下準備（対象とする動物についてその特性全体を五感で知る、という下準備）が不可欠である。この段階が、直接的な実験の成否を大きく左右すると言ってもいい。

私のゼミで動物の行動や生態について調べようとする学生のほとんどは、頭のなかで計画した実験を実行に移す前に、このような下準備の〝壁〟にまず、ぶつかることになる。

いよいよヘビとの出合わせ実験を始める

私がやりたかった実験自体の準備はいたって簡単だ。

飼育容器内の、モグの巣から最も離れた隅に、青色の網のビニール袋に入れて動けなくしたヘビ（アオダイショウ）を置く。（ヘビの下には、ニオイが残らないようにプラスチックの板を置く。）そして、真上にビデオカメラを設置する。

簡単である。

ただし、いつ、どういう手順で、（動けない）ヘビを飼育容器内に置くか、というところがこの実験のポイントである。

重要なのは、まず、モグが巣のなかにいるときを見計らってヘビを置くというところだろう。そしてそのあと、モグにミミズを一匹与え、モグを〝覚醒〟させるのである。するとモグは、餌探しへと旅立つ。レンガの通路を移動しはじめ、やがて、アオダイショウと出合う、というわけである。

このようにはじめて、モグがアオダイショウに自然な設定で出合う場面が演出できるのである。くどいようだが、このように簡単な手順も、飼育容器内でのモグの行動様式についての知識＝下準備（それは、論文の表面には表われないが）があってこそなのである。

さて、もうおわかりと思うが、実験の目的は、**「モグラはヘビに対してどのような反応を示すか？」**というものであった。モグラにとって、ヘビは危険な捕食者である。どんな反応をするかは興味深いところである。

ところで、小型哺乳類がヘビに対してどう反応するか（そしてそこにはどんな原理・法則が存在するか）という問題は、私が長年、調べているテーマである。

私自身は、これまで、シベリアシマリス、トウブシマリス、スナネズミ、ゴールデンハムスター、ハツカネズミ、アカネズミでヘビに対する行動を調べてきた。（それと、これはげっ歯類ではないが、タヌキとイタチとヒグマとヒトのヘビに対する反応も。それから忘れてはならないのが、**ヤギの対ヘビ反応！**である。）

ヘビの皮膚をかじって自分の体毛に塗りつけたり（シベリアシマリス）、ヘビのそばで両足を地面にパタパタとたたきつけたり（スナネズミの場合であるが、結構大きな音がする。おそらく威嚇の効果があるのだろう）、突然頭に噛みついて脱兎《だっと》のごとくに逃げ去ったり（ゴールデンハムスター）などなど、それぞれの生活様式にしっかり合致した興味深い行動を示すことがわかっている。

ちなみに、どの種でも、ヘビと同じ爬虫類であるカメに対する反応は、ヘビに対する反応とは明らかに違っていた。要するに、あまり怖がらないのである。

私自身が調べたげっ歯類の反応に加え、ほかのいろいろな研究者によって調べられている、いくつかのげっ歯類（オグロプレーリードッグ、コロンビアジリス、イワリス、タイワンリス、ハタオカンガルーラット、モリネズミなど）の対ヘビ行動についての報告も含めて考察した

〝仮説〟を簡単に言うと、次のような感じである。

基本的にはどんなげっ歯類でも、自分や自分の遺伝子を受けついでいる個体（血縁個体）の生存を維持できるようにふるまうだろう。そして、ヘビと出合ったときは、できればヘビにそこから出て行ってもらいたいだろう。

だから、自分の血縁個体が集団で暮らすような種では、その血縁個体に、そこに危険なヘビがいることを知らせるように、ヘビのそばにまとわりついて、よく目立つ行動（しっぽを振ったり、足を踏み鳴らしたり、声を出したりなど）をする傾向があるだろう。

また、体が大きいげっ歯類は、体が小さいげっ歯類に比べ、ヘビに完全につかまってしまう可能性は低いだろうし、一方で、ヘビに対して攻撃的な行動（嚙んだり、砂をかけたり、足で踏みつけたりなど）を向けたとき、ヘビに与えるダメージは大きいだろうから、そのような攻撃的な行動をする傾向が（小さいげっ歯類の場合よりは）高いだろう。

モグラはげっ歯類ではないが、同じ小型の哺乳類である。げっ歯類の場合と同じ原理があてはまるのではないか——そう考えると、是非とも、モグラのヘビに対する行動を調べたくなった、というわけである。

ちなみに、私の仮説からすると、コウベモグラは、大きさから言えばゴールデンハムスターより少し小さいくらいの哺乳類で、その社会は、基本的に血縁個体が近くにいるような構造ではないので、「ヘビの周囲にとどまることはせず、すぐ逃げるか、一瞬のすきをねらってがぶりと噛んで、さっと逃げるかだろう」と予測されるのだが……。

さて、**モグは、ヘビにどう反応したか?**

実験は三回行なったが、三回とも、ヘビのそばまで行ってヘビのニオイを嗅いだモグは、まさに、脱兎のごとく、すごいスピードであとずさりし、やがて巣のなかに隠れてしまった。二回目は、巣にもどる途中で、ヘビのほうに土を押しやり、ヘビと自分の間にバリケードのようなものをつくった。

これは面白い!

こうなったら、モグ以外のコウベモグラでも調べてみなければならない。こうして私は、モグラのトラップを購入し、モグラの穴を探しては仕掛けているのである。(なかなかつかまらない。)

モグを飼いはじめてから一カ月ほどたった。私は、そろそろモグを自然に返してやる時期だと感じていた。

ヘビに対する行動を調べる実験も一応終わったし、それから、もう一つ、ミミズを集める作業が、だんだん大変になってきていたことも理由の一つだ。

そしてもう一つ私を決心させたのは、**モグが時々、心配な行動を見せるようになった**ことである。

生物好きのIくんは、モグが飼育容器の通路で動かずにじっとしていた、と教えてくれた。Iくんは、「モグラは生きてるんですか」と言った。

実は、同じ場面を私も一度見ていた。一瞬驚いたが、手を近づけると、気配を感じたのか、いつもどおり動き出し、巣のなかに入っていった。でも少し心配していた。

一雨降った夏のある日、よしっと思い立ち、私はモグをバケツに入れて大学の建物を出た。行き先は、モグが砂利を噴き上げていた裏口から土手を上り、道を渡ったところである。

そこはスダジイやコナラ、クヌギなどが混生している山の斜面であった。枯葉が厚く積もり、土も黒く柔らかそうで、ミミズをはじめとした土壌動物もたくさんいそうな場所だった。そこでモグを放してやろうと思ったのだ。

きっとモグは、放されたらすぐに枯葉を掻き分け、穴を掘って、柔らかい土のなかへ消えていくだろう。そんな想像をしながらバケツを横に倒し、底を少し持ち上げるようにした。モグはバケツの内側を滑るようにして地面へと下りていった。

最初、新しい環境に不安を感じたのかじっとしていたが、すぐに、予想通り枯葉を掻き分けて土を掘る動作を始めた。しかし、**その直後、意外なことが起こった。**

モグは枯葉を掻き分けて進む方向を大きく変え、道路に出てきたのだ。そして道路（表面がアスファルトで覆われている）を這うようにして移動しはじめたのだ。

「このままだと、道路から大学の建物側の土手を下り、また、砂利の〝堀〟に入りこんでしまうかもしれない」と感じた私は、素早く土手とモグの間に立ちはだかった。私に誘導されて山の斜面に到達したモグは、枯葉を掻き分け、今度は、土のなかへ穴を掘り進んでいった。地面の盛り上がりの様子が、モグの状況を教えてくれた。やがて、土の盛り上がりは、前進しなくなった。モグが深くモグったのだ。

その場に一〇分ほど立っていただろうか。またモグが引き返して道路に出はしないだろうかと心配して様子を見守っていたのだ。それから、一抹の寂しさと心配と疑問を感じつつ、その場を去った。

バケツを持って飼育室にもどり、いろいろな思い出が刻まれている飼育容器などを片付けながら、**「モグはどうして、あんな行動をとったのだろうか」**と考えた。放したときに道路に出てきた行動のことである。その行動が、モグが「砂利の〝堀〟」のなかにいたことと関係していることは容易に想像できた。

理由として浮かんできたことは三つあった。

一つ目は、「モグは、まさに砂利の〝堀〟に魅力を感じ、〝堀〟に行こうとしていた」という可能性である。

モグラは地中の坑道を三次元的に移動する動物だから、三次元空間の把握の能力には長《た》けているだろう。だから、私がバケツから出した場所の、文字通りの〝位置づけ〟ができたのかもしれない。（最初、バケツから出されたときじっとしていたのは、位置の把握を行なっていたのかもしれない。）そのうえで、砂利の〝堀〟の方向へ移動を開始した……？　むー、ちょっと考えすぎか。

ひょっとしたら、砂利の〝堀〟のどこかに、快適に過ごせる場所があって、モグはそこで出産したとか……？　それはかなり考えすぎだろう？

いや。私の経験から言わせてもらうと、自然界ではほんとうに驚くようなことが起こりうる。そういう一見とっぴな発想も大事なのだ。

二つ目の可能性は、「モグは、ウイルスとか原生動物のような、何らかの寄生性の生物に感染しており、それらがモグの脳内の神経系に作用して、ある状況になると土中から外へ出て、地表面を移動するような行動をとらせるのではないか」というものである。

これもとっぴな考えのように思われるかもしれないが、こちらのほうは、これまで報告されている研究からすると、それほどとっぴでもないのである。

一般に、宿主《しゅくしゅ》の動物に寄生して、その動物の行動を、自分の生存や繁殖に都合のいいように変えてしまう生き物はかなり知られている。宿主になって被害をうける動物は、昆虫から人間まで、いろいろである。

たとえば、ネズミである。

トキソプラズマとよばれる原生動物（アメーバやゾウリムシなどが属するグループ）は、ネコに感染し、ネコの体内で子ども（胞子）を産む。そして産まれた子どもたちが、新しい生息場所、つまり新しいネコの体内に移れるように、次のようなことを行なう。

まず胞子はネコの糞にまじって排出されるが、その糞はネズミに食べられやすいという。（おそらくネズミが好きなニオイでも出すのだろう。投げやりな言い方で申し訳ないが。）

そして、ネズミに食べられた胞子は、ネズミの体内で成長し、トキソプラズマの成虫になり……問題はここからだ。成虫になったトキソプラズマは、ネズミの脳細胞に入りこみ、ネズミの性質を変えてしまう。

まず、動きが鈍くなり、ネコを怖がらなくなり、逆にネコが縄張り宣言のために排出した尿のニオイに引き寄せられるようになるという。つまり、そのネズミは、ネコに食べられやすいような行動を積極的にとるようになる。そして……ネコに食べられる。

こうして、まんまと、〝新しい生息地〟へ移動するのである。

考えられる三つ目の理由？

三つ目は、「たまたまそういうことになった」という理由、あるいは、私のまったく想像できない理由である。自然界には、私にさえ予想もつかないような出来事があるのである。

そうだ、飼っているネコがよくモグラをとって見せにくると言っていた、あの恐れ知らずの

（でも、モグラのことはよく知っていて、私を窮地に陥れた）Mさんに聞いてみようか。簡単に答えたりして……やっぱりやめとこ。

モグを放してから一カ月ほどが過ぎたが、道路や砂利の〝堀〟でモグラが見つかったという話は聞いていない。これからもそうであってほしい。

モグの手の肉球の感触が、今でもありありと回想される。

ヒヨドリは飛んでいった

鳥の心を探る実験を手伝ってほしかったのに……

私はこの一年の間に、飛べなくなった五羽の野生の鳥を保護して世話をした。（そのうち二羽は死んでしまったが。）三羽は学生が、大学のキャンパス内で見つけて研究室に持ってきたものだ。二羽は、私自身が、大学の近くの路上や、道路の脇で、飛べなくなっているところを保護した。

国が発行している野生動物の接し方のマニュアルでは、「弱って動けなくなっているような野生動物は、そのままにしておきましょう」ということになっているようだ。

理由は以下のような内容だったと思う。

たとえば、鳥の雛が地面をヨタヨタ歩いていたとしても、実は近くに親鳥がいて見守り、餌を与えているかもしれない。また雛が巣から落ちて死ぬのも一つの自然の摂理とも考えられる。さらに、野外で弱っている動物は病気かもしれないので、もしそうなら人間にとって危険な病原菌をもっている可能性がある。触れないほうが安全である、などなど……。

私も確かにそれらの理由には一応納得する。

しかし一方で、たとえば野生の小鳥が、明らかに不自然な姿勢で野の草地で横たわり、ネコやイタチに捕食されるような危険がある場面に実際に出会ったら……？

少なくとも私の子どもには、そんなとき、近くへ行って小鳥の様子をうかがい、状況によっては保護してやるような人間になってほしいと思う。だから、学生が小鳥を連れてきたときも、少なくともその気持ちは大切に認めてあげるように心がけている。

ちなみに、私自身は、それがかりに、農作物などに被害を与えるカラスなどであっても、命の危険に直面している野生生物に出会うと、まず助けようとする。相手がカエルとか魚、昆虫だったらどうなのかと聞かれると少し困ってしまうのだが、それによって私が大きな損失をこうむるものでなければ、やはり助けようとすることが多いと思う。

最近は、私がいないときに、弱った動物を持って学生が研究室を訪ねてきたときのために、研究室の前にカゴを置いている。

余談になるが、最近、アメリカのコーネル大学で人間生態学を専門にしているウェルス・レキィス氏たちは、一九歳から九〇歳までの、二〇〇〇人以上の成人を対象にして行なった調査から得た、次のような結果を専門誌に発表している。

「〝一一歳〟までに〝野生〟のなかで遊ぶ時間をたっぷりもった子どもは、自然保護に積極的な気持ちをもった大人になる傾向が特に高い」

ちなみに、動物が何かを学習するときに、学習の内容によっては、〝臨界期〟がある場合があることが知られている。その学習のしやすさが、その時期を過ぎると急速に低下する、その境の時期を臨界期とよんでいるのである。

学習の内容によって、かなり明確な臨界期をもつ場合もあれば、臨界期はあるにはあるが、それは緩やかなものである場合もある。

前者の例としては、たとえば、多くの鳥の雛が親の姿を学習する場合をあげることができるだろう。生物学では〝刷りこみ〟という名前でよばれている現象だ。この現象が起こるのは、孵化後、八〜二四時間の間にかぎられており、その後は起こらないことが知られている。

一方、後者の例としては、人間の母語や外国語（第二言語）の習得をあげることができるだろう。いずれも、一二歳ごろまでがそれらの言語の習得が起こりやすく、それを超えると習得に必要な努力がずっと大きくなることが知られている。

レキィス氏たちの研究結果は、言いかえると、「自然保護に積極的な気持ちの獲得には臨界期があり、それは一一歳ごろ」ということになる。

ところで、獣医・写真家・作家・映画監督などいろいろな顔をもっておられる北海道の竹田津実氏は、日本経済新聞のある記事のなかで、「野生動物は法律上、飼育することはできない。獣医でも長期間預かると法律に違反するおそれがある。役人からは『限りなく犯罪だ』と言われた」と語り、また、傷ついた動物を持ちこむ子どもは不思議と小学校四年までらしく、「見て見ぬふりができず、思わず駆け寄ってしまうのだと思う」とも言われている。その気持ちに応えたいという思いもあって、「役人からは『限りなく犯罪だ』と言われ」ても、傷ついた野生動物を保護し、治療やリハビリを続けているのだという。

傷ついた動物を持ちこむ子どもにとって、その行為は、理屈ではないのである。そして、レキィス氏たちの研究結果と総合して考えれば、小学校四年ごろまでに、傷ついた動物を「見て見ぬふりができず、思わず駆け寄ってしまう」子どもたちの体験は、脳内に大きな影響を残し、大人になってから自然に対する気持ちに大きな影響を与えると予想することができる。

話をもとにもどすが、学生たちが持ってきた三羽の小鳥のうち、二羽は残念ながらその日かその翌日に死んだ。

一羽だけが回復し、一週間ほど飼育して放してやった。センダイムシクイという、体の淡い緑色（草木色というのだろうか）がきれいな、ウグイス科の鳥であった。

ムシクイといえば、ムシクイ属のなかの数種では、幼鳥のころ星座（特に北極星およびその周辺の星）を覚え、成鳥になって夜、渡りをするとき、星座を手がかりにして飛ぶ方向を決めていることが知られている。センダイムシクイも、夜、渡りをする。まだ調べられていないが、星座を羅針盤にして航路を決めている可能性は高い。なかなかロマンのある話だ。都会に住む現代人が、ネオンの〝星〟を羅針盤に進路を決めるのとは大違いだ。

学生がそのセンダイムシクイを保護して私のところに持ってきたのは、一二月の寒い日だった。本来ならばその時期は、もう日本から南の国に渡り終わっているころだろう。

何かアクシデントがあって渡りができなかったのか、そのあたりのことはよくわからない。ただ、とにかく、体力を失い、寒さにも苦しめられ、衰弱していることは確かだ。できれば何か消化のよいものを食べさせてあげるのがいいだろう。さて何がいいだろうか。

研究室のなかにあった私自身の食べ物も含めていろいろ考えたあげく、私が選んだのはアカハライモリに与えていた乾燥イトミミズであった。乾燥イトミミズの一片を湯でふやかして与えるのである。

研究室のなかを暖かくし、口を開き、喉の奥まで、湯でふやけたイトミミズを押しこんだ。

ムシクイは意外と抵抗することなく、喉に押しこまれたイトミミズを自分から飲みこんだ。

そういったことを三回ほど繰り返したあと、ダンボールの小箱の底に柔らかい紙を巣のような形に敷き、ムシクイを入れて蓋を閉めた。あとはただ待つしかない。

四、五時間仕事をしたあと、箱の蓋を開けてなかを見た。

死んで横たわっているか、立つ元気もなくなって体を横たえているか、箱に入れる前と同じ格好でじっとしているか、生き生きとした眼で紙の巣から外に出てこちらを見返すか……。

これまでいろいろな場合を経験してきた

Kくんが保護して連れてきたムシクイ。淡い緑色がきれいな、ウグイス科の鳥だ

が、そのときは……いちばんあとの状態だった。

ムシクイはしっかり立ち、こちらに顔を向け、体や眼に生気が感じられた。これなら大丈夫かもしれない。

注意しながらまたムシクイを手でつかみ、湯でふやかしたイトミミズを与えた。外はもう暗くなっていた。蓋を閉めて、用事をすませるため研究室を出た。ムシクイが元気になったのが妙にうれしかった。

その日は、ムシクイを家に連れて帰った。できるだけ静かなところで休養させてやろうと思い、二階の押入れの隅にムシクイの入っている箱を置いた。（一人暮らしのように感じられたかもしれないが、妻と息子がそれぞれ一人同居している。）その夜が生死の分かれ目である。その夜は暖房をつけたままで就寝し、朝を待った。

朝、どきどきしながら箱を開けると、ムシクイは元気だった。

元気どころか、箱を開けると、勢いよく部屋に飛び出してきた。床をとことこ歩いたり、飛び立って机の上にあがったりした。これはもう大丈夫だろう。あとは、数日、餌をしっかり与えて体力をつけさせて放してやればいいだろう。

玄関に置いている網を持ってきて、部屋であっちこっち飛んでいるムシクイを捕獲し、部屋に置いてあった餌のなかから乾燥イトミミズを取り出し、湯がいて与えた。ムシクイは自分から食いつくようにして食べ、最後は嘴《くちばし》をプルッと左右に振って水をとばした。

ムシクイを保護して持ってきたKくんに連絡して状況を伝えたら、Kくんがすぐに研究室にやって来た。話しあいの結果、Kくんが大学の飼育室で、カゴに入れて数日餌を与え、それから放してやることにした。その間Kくんは、私が教えたように、ムシクイを手に握り、湯がいたイトミミズを嘴の奥に入れる体験を一〇回以上は行なっただろう。それまで、鳥に触ったことがなかったというKくんにとってはいい経験になったと思う。（欲を言えば、一一歳までにそんな体験をたくさんしておけばもっとよかったかな……。）

ムシクイを放すときは、連絡を受けて私も立ちあった。ムシクイは勢いよく上空に飛んでいった。

私自身が保護して、一カ月近く世話をしたヒヨドリには深い思い出が残った。

そのヒヨドリを保護したのは大学の近くの、車の通行が多い市街地の路上であった。春の暖かい休日のことだった。車を走らせていると、前方の道路の上に二羽の鳥が見えた。一羽はアスファルトの上に横たわっている。しかし頭は動かしていた。もう一羽は、そのすぐそばで、途方にくれた様子で寄りそっていた。

私には、その場面の事情がすぐわかった。後ろの車にクラクションを鳴らされても動じずに車をとめ、行き来する車を避けてヒヨドリのところへ進んでいった。おそらく、番《つがい》か兄弟姉妹の**二羽のヒヨドリのうちの一方が車にはねられた**のだ。早く保護してやらないと、横たわっているヒヨドリはもちろん、寄りそっているヒヨドリも車にはねられるかもしれない。

私が近づくと、寄りそっていたヒヨドリはさっと飛び去った。しかし、ちょうど事故現場の頭上を走っていた電線にとまって、私のほうを見ている様子だった。

道路を行く車が私を避け、私のほうを責めるような目で見ながら通り過ぎていく。寛大で思慮深い私は、「なんだこのヤロー」という言葉をぐっとこらえ、横たわっていたヒヨドリを両手で抱え、路上にとめている車にもどった。

見たかぎり外傷はない。しかし翼と脚が引きつったように不自然な姿勢になっていた。車に頭をぶつけ、運動に関係した神経系に麻痺でも起こっていたのだろうか。目はしっかり開いており、私を睨みつけていた。顔の前に手が近づくと嘴を開けて噛もうとした。

とりあえずトランクからアウトドア用のジャケットとバケツを取り出し、ジャケットで、頭も含めてヒヨドリの全身を包みバケツのなかに入れた。鳥は視野が真っ暗になると静かになるのだ。

さて、予定していた用事はキャンセルして家に向けて車を発進させた。電線にとまっていた連れあいのヒヨドリはそのまま動かなかった。何を思っているのか、かわいそうに思えた。

家に連れて帰ったヒヨドリは、ジャケットから顔だけを出すような状態にし、バケツに入れたままで二階の静かな部屋に置いた。三、四時間して夕方になった。動けるようになっていることを期待して二階に上がった。しかしヒヨドリは横たわったままだった。やむをえない。このままの状態で水と餌を与えてみるしかない。

スポイトとぬるめの湯、そして湯でふやかした九官鳥の餌を用意した。九官鳥の餌は、ヒヨドリの食性と消化のよさを考慮して決めた。私の家には何種類もの

ヒヨドリのヒヨ。車にはねられて横たわっていたところを保護した

餌が常備してあるのだ。
片手で嘴を開け、片手でスポイトを使ってぬるめの湯を与え、ふやかした九官鳥の餌を口のなかに押しこんだ。餌は喉のあたりまで押しこむと、ヒヨドリが自分で飲みこんだ。しかし調子に乗ってはいけない。ここで餌をやりすぎると鳥が体調を崩して死に向かうこともある。今日はこれくらいにしよう。鳥をカゴに入れて上から布を掛け、静かな部屋に置いた。

次の朝、おそるおそるカゴをのぞくと、ヒヨドリは元気だった。だいぶ体を動かすことができるようになっていた。でもまだ立てない。「しばらくすれば元気になるよ」と声をかけ、鋭く私を睨むヒヨドリを片手でつかみ、「朝飯だ」と、湯でふやかした九官鳥の餌を喉に押しこんだ。

その日からしばらく、**カゴに入ったヒヨドリは、私と一緒に、私の家と大学を往復することになった。**
大学の学内道路や廊下を、ヒヨドリが入った大きなカゴ（ご存じの方はご存じだろうが、ヒヨドリは結構大きな鳥なのである。したがってカゴもそれなりに大きなものを選ばなければならない）を持って歩いている私を見て、学生諸君や同僚の方々はいろいろな反応を示す。

「見なかったことにしよう」とばかりに、ことさら表情や行動を変えず、しかし、視線の角度や進路をわずかに私から遠ざかるように変更して（そんなわずかな変化を読みとるのが私の専門でもあり楽しみでもある。ゴメンナサイ）通り過ぎる人物。

笑顔になって「それなんですか」と近寄ってくる人物。

それらの反応は、「私と面識があるかどうか」「そのとき本人がどんな気分か」「一人か集団か」、そして「その人物がどんな性格か」など、さまざまな要素によって決まってくるのだろう。

ただ一つ言えることは、多少とも私と面識がある人物は、たいていは立ちどまって何か言葉をかけてくる。その鳥に興味があってもなくても言葉をかける。

余談になるが、そういった行動の背後には、本人同士が意識するかどうかは別にして、「私はあなたに気を配っていますよ（あなたのために労力を費やす気がありますよ）」というメッセージを示すという意味がある。

ヒヨドリが入ったカゴを持って歩いている私を見て、面識があるのにまったく行動を変えないということは、「私はあなたを知っているけれども、あなたは私にとって何か配慮する価値のない人物ですよ（あなたのために労力を費やす気はありませんよ）」というメッセージを伝えていることになる。(だから、〝無視〟という行為が攻撃のメッセージになりうるのだ。)

私がいちばんほほえましく感じた学生は、私と面識はないのだけれど、カゴのなかの鳥への興味が抑えられなくて、ぎこちなく「……あのそれはヒヨドリですか……」と聞いてきた学生である。その学生の心の動きが手にとるようにわかった。

「うん、そうだよ。あなたは鳥が好きなんですか」そうやって話が弾んだ。

さて、ヒヨドリの話である。

ヒヨドリ(かなりの時間をかけて、名前を考えた結果、〝ヒヨ〟にした)と一緒の通勤が一週間ほど続き、徐々に体も回復し、ヒヨは立つことができるようになった。まだ飛ぶことはできなかったが、餌も自力で食べられるようになった。だから、ヒヨを大学に連れていかなくても、朝、餌を餌箱に入れて、家に置いておけばよくなったわけだ。

ところで、私の家には、そのころすでに一羽の鳥がいた。(「さて、ヒヨドリの話である」と言っておいて恐縮であるが。)

ホバという名の雌のドバトで、ヒヨが保護されるずっと前から、彼女も保護されて飼われており、わが家に来てすでに五、六年になっていた。もうわが家の主《ぬし》みたいなものである。

ホバは、巣立ちして間もないころ、大学の図書館の窓にあたって落下し、私がよばれ、それから私が（というか私の家族が）面倒を見ることになった鳥である。とても元気になったのだが、右の翼に回復不可能な骨折があって飛ぶことができなくなり、野生に返してやることができないのである。

時々、一緒に庭を散歩するのだが、ちょっと小さめのイヌのように私のあとをついてくる。途中で、地面の餌や砂をついばみ、産卵が近い時期だと、いそいそと巣材を集めたりする。**何かに驚くと、私のすぐ近くまで走ってきて、嘴で私の指や服を小刻みに噛む。**それはドバトの挨拶行動であり、その行動によって不安感を沈下させているといったところだろう。

わが家の主、飛べないドバトのホバ。いそいそと巣材を集めている

ちなみに、ホバは家族のなかでも私にいちばんの信頼を寄せており、もちろん、私と、妻や息子を識別している。驚いたのは、**私の指と妻の指も識別できるらしい**のである。

あるとき（そのときホバのご機嫌が悪かったのだろう）、妻が指を嘴の前に近づけると、攻撃的に、激しく噛みついてきた。ところが直後に私が指を近づけると小刻みに噛んで挨拶してきた（攻撃的な噛みつきと挨拶とは明らかに違う）。

そんなことが何度かあったので、以下のような実験をしてみた。

手の甲を上にして、私の指の間に妻の指をはさみこむようにして、〝一〇本の指〟を持つ手をつくり、ホバに差し出した。すると**ホバは、何回繰り返してもほぼ間違いなく、私の指を噛んで挨拶した**のである。

もちろん、妻と私の指の順序を変えたりもしてみた。数日間、間を開けて実験もしてみた。でも結果は同じである。私のどの指に挨拶するかは決まってはいないが、とにかく私の指に挨拶するのである。

近年、ドバトの認知世界を調べる研究が進み、ドバトが〝木〟という概念や〝水〟という概念をもつことがわかっている。

たとえば、実験的に、まず、典型的な木（地面から幹が立ち上がり、上に緑を繁らせているような〝木〟）の写真がスクリーンに映ったとき、右端のボタンを嘴でつつけば餌がもらえるように学習させておく。そうすると、ドバトは、スクリーンに、はじめて映された枝や葉、幹にも反応するのである。

同様に、ドバトが、スクリーンに映った写真を正しく分類したときにのみ餌がもらえるように学習させておくと、ドバトは、スクリーンに映った枝や葉、幹の写真は〝木〟に分類し、池や噴水や水の入ったコップを〝水〟にすることがわかっている。

比較認知科学という比較的新しい学問分野の研究者である渡辺茂氏たちは、ドバトが、モネの絵とピカソの絵を識別することを明らかにしている。両者の絵の線や構図などのパターンの特徴を、ドバトが分類に利

上はヒヨのカゴ、下はホバのカゴ

用していることが示唆されている。

もしそうなら、私のごつごつした指の特徴と、妻の、〝白魚のような〟とまではいかないが、〝アユ〟程度の指の特徴を識別することは、ドバトにはたやすいことなのかもしれない。


さて、(再度)ヒヨドリの話である。

まだ飛ぶことはできないが自分で餌を食べられるようになったヒヨは、カゴに入れ、勝手口の内側の小部屋に置くことにした。そして、そこはホバのカゴが置いてある場所でもあった。スペースの関係で、ホバのカゴの上にヒヨのカゴを乗せることになった。

上下に並んだ二種類の鳥の行動を同時に見ていると、改めて、〝種の違い〟ということを再認識させられた。

ドバトは、もちろん空をさっそうと飛ぶが、餌はた

2羽を観察していると、“種の違い”ということを再認識させられる

いてい地面でとる。地面を、餌を求めて歩きまわる時間が長いのだ。

地面での移動の仕方は、人間のように、右足、左足を交互に出して前進する〝歩行〟である。公園や駅のプラットホームで歩いているドバトを思い出していただければおわかりになると思う。

一方、ヒヨドリは、地上で過ごす時間は少ない。餌（植物の実や昆虫など）も、木の枝などにとまって食べることが多い。

地面での移動の仕方は、〝歩行〟ではなく、両足をそろえて小さいジャンプを繰り返して前進する。それは、枝から枝へと移動することが多いヒヨドリの生活に適応した動作なのである。

こんなドバトとヒヨドリの種の特性を反映し、カゴのなかで、**ホバはゆっくり歩きまわり、下に落ちてい**

歩き方にも、ドバトとヒヨドリの生活の違いが反映されている

る餌をついばむ。ヒヨは、カゴのなかに入っている木の枝の上に乗り、枝から枝へジャンプし、枝の上に乗ったまま、頭を下げて餌を食べる。カゴのなかでも、それぞれの種の生活に適応した行動パターンがしっかりと表われるところに、私は、今さらながら、妙に感じ入ったものだった。

時々、ヒヨとホバを庭に連れ出し、散歩をさせてやるのだが、カゴのなかの行動の違いが、さらに増幅した形で表われる。

もちろんホバは飛べないのだから仕方がない、という面もあるのだろうが、とにかく、地面の餌を探すようにテクテクと私の周りを歩きまわる。かりに飛べたとしても、公園や駅のドバトたちと同じように歩きまわることが多いだろう。

しかしヒヨは、カゴから出されると、ピョンピョンはねて、庭の低木の枝に乗り、上へ上へと移動していく。でもまだ飛べないから、途中で枝から落下してしまう。（そんなとき、ホバがヒヨを意識していることがわかる。ホバはしばしば落下したヒヨのところに寄っていくからである。それが、餌の存在を連想したり、物理的な出来事への好奇心による行動でないことは、見ていて判断できる。ヒヨという〝鳥〟を認識したうえでの行動だったと思う。）

その後のヒヨの様子を見ていて、少しずつだが確実に飛べる状態にもどっていることを私は感じていた。枝から落ちるときも、翼をばたつかせ、滑空のようにして着地する場面も見られるようになった。**(お前はモモンガかー!)**

そして、もう一つヒヨの行動で変化したことは、私をまったく怖がらなくなったことである。私が低木のそばに立ってヒヨを見ていると、低木の枝から私の手や肩に飛び移ってくることもあった。こちらがそのように訓練したわけでもないのに、野生動物からこのような〝待遇〟をうけることはうれしいことである。

さて、十分飛べるようになったらもちろん野生に返すつもりでいたが、その前に、ヒヨにちょっと手伝ってほしいことがあった。

(その話を家族にしたら**「出たー!」**と言われた。**また欲深い父さんの本性が、**というわけである。**失礼な!** 私はそんな下心があってヒヨを助けたわけではない。ただ、飼っているうちに、少しは恩返しをしてくれてもいいんじゃないか、と思うようになっただけである。)

それは、**鳥の認知世界を調べるための、ある深遠な実験の手伝い**であった。私は、その実験のために、四、五年も前に特注の装置を用意していたのだ。

その装置のカゴのなかには、鳥がとまれる止まり木が三本用意されていた。一本は手前にあり、実験の開始時に、カゴの扉を開けて、その止まり木に鳥をとまらせた。そして、その前側の左右に平行になるように二本の止まり木が設置されていた。

左右の止まり木の前に写真や絵などを貼りつけることができ、どちらかの止まり木に鳥がとまると、絵や写真を貼りつけた〝壁〟の真ん中あたりから、餌が入った小さな箱が出てくる仕掛けになっていた。（その止まり木にずっととまっていると餌箱はずっと出たままの状態で、別の止まり木に移動すると、一秒後に餌箱は壁のなかにひっこんでしまう。）

どちらの止まり木にとまると餌箱が出てくるかは、スイッチの切り替えによって実験者が決めることができた。

この装置を使うと、鳥が、写真や図形、色などについてどのような学習をするかを調べることができた。

鳥の認知の世界を実験する装置

たとえば、赤色の丸と、大きさ形が同じ緑色の丸を、〝壁〟の左右に貼っておき、鳥が赤色の丸の前の止まり木にとまったときに餌箱が出てくるように設定しておき、鳥を、お腹がすいた状態にしてカゴに入れる。

すると、鳥はまず、二つの止まり木の一方にとまる。もしそれが赤丸の前の止まり木であったら、箱が出てきて鳥は餌をついばむ。もしそれが緑丸の前の止まり木であったら、何も起こらない。

いずれにしろ、鳥はやがて止まり木を移動する。

前者の場合、緑丸の前の止まり木に移動すると、餌箱はひっこんでしまう。一方、後者の場合、赤丸の前の止まり木に移動してとまると餌の箱が出てきて、めでたく鳥は餌を食べることができる。

こんなことを何回か続けていると、鳥は赤丸の前の止まり木にとまると餌が出てくることを学習する。だから、お腹をすかしたその鳥を装置のカゴのなかに入れると、鳥は急いで赤丸の前の止まり木にとまる。

ちなみに、このような学習をした鳥に、次のようなことを行なったら、鳥はどうするだろうか。

「今度は赤丸と緑丸ではなく、緑色の丸と、それと面積が同じくらいの赤色の四角を貼る」

私はこの実験はしていないので、その答えをお話しすることはできないが、これはこれで興味深い実験だと思う。


私が行なった実験は、〝秩序正しい〟図形と〝崩れのある〟図形を左右に提示する実験である。私が知りたかったのは、**鳥には〝秩序の概念〟があるかどうか**、という問題であった。

そしてそれを、五年ほど前、当時、息子が飼っていた文鳥を〝貸してもらって〟実験しはじめた。ところが、実験を始めて一カ月ほどしたころ、文鳥が、卵を産みすぎて死んでしまったのである。（実験のせいではない。）

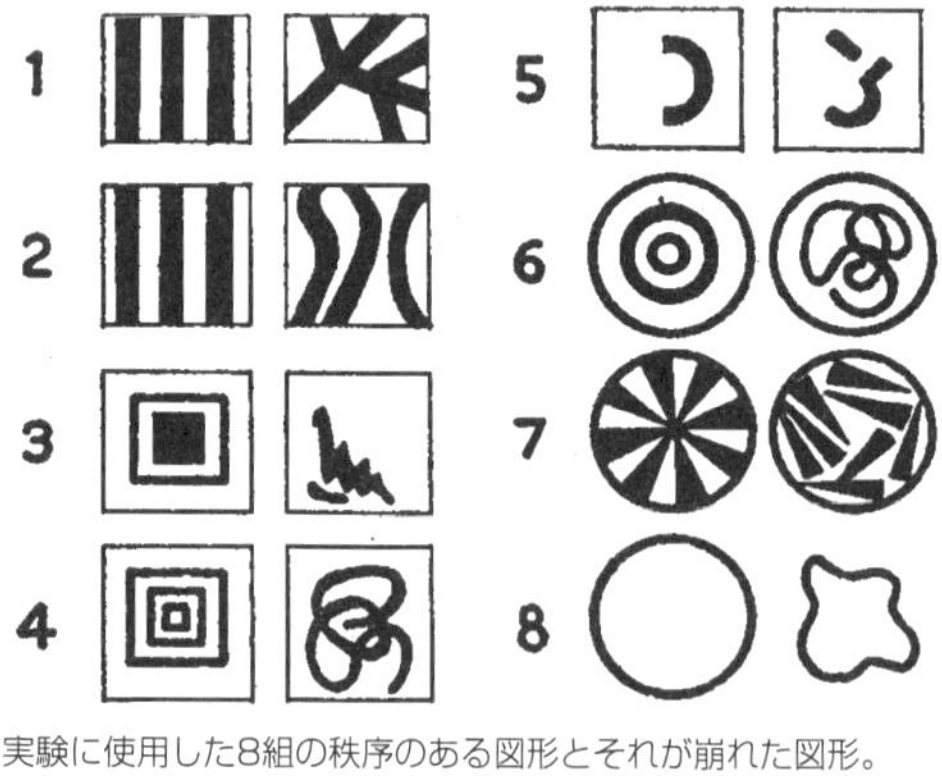

実験に使用した8組の秩序のある図形とそれが崩れた図形。
Rensch, B.（1958）の図形を一部変えて作成した

実験のことや、文鳥の死については、またあとでお話しする。

〝特注装置〟と文鳥を使っての実験から、時はさらに五、六年前にさかのぼる。

私は九官鳥を使って別の（しかし〝特注装置〟を使っての実験に深く関係する）実験を行なっていた。

実験は二段階になっていた。

第一段階の実験では、まず、八組の「秩序のある図形とそれが崩れた図形」が用意された（図参照）。

そして、そこからランダムに、一組の「秩序のある図形とそれが崩れた図形」を取り出し（それぞれ、白い四角い紙の上に描かれている）、二つの図形を五、六センチ離して、九官鳥の飼育カゴの端に、並べて置いた。

すると九官鳥は、あっ！　何かがあるぞ、とばかりに、それらに接近するのだが、たいていは、並べて置かれた二枚の図形のうち、より気に入ったほうを嘴でつついたり、くわえたりする。

そういう実験を行なってわかったことは、九官鳥は、秩序のある図形（図の各ペアーの左側）のほうを、秩序が崩れた図形よりも好むというはっきりとした傾向である。

実は、この実験は、今から三〇年以上も前に、バーンハード・レンシュというヨーロッパの動物学者が、コクマルガラスとハシブトガラスを対象にして行なっていた。そのとき、氏が使った「秩序のある図形とそれが崩れた図形」を、私も使わせてもらい、対象をカラスから九官鳥に変えてやってみたというわけである。

そしてレンシュ氏も、**カラスたちが、秩序のある図形のほうを、それが崩れた図形よりも好む**という結果を得ている。

レンシュ氏は、カラスたちが示した好みは、人間がいろいろなものに対して感じる「美」の感情と共通した基盤をもっていると考えた。そしてそれは、その後発展する、人間の「美」感覚の生物学的研究の先駆け

雌にプロポーズする雄クジャク。尾羽を大きく広げて、その羽が雌の正面にくるように立ち、小刻みにふるわせる

スウェーデンの学術誌の表紙を飾った、私が実験で使ったクジャクの羽の写真

となる。

さて、そんな結果を踏まえて、私が行なった第二段階目の実験は、**「九官鳥に、雄のクジャクが雌への求愛のために尾羽を大きく広げた写真を見せ、どのような写真を気に入るか調べる」**、というものだった。なぜそんな奇妙なことをするのかというと、そこには、これから少しお話しする深イイ話が隠れているのだ。

ちなみに、私の第二段階目の実験およびそれから得られた結果は、「ネイチャー」という世界的に権威のある科学専門雑誌に掲載された（！）……のではなく、その雑誌に多くの論文が掲載されていたスウェーデンの気鋭の動物行動学者マグナス・エンクエスト氏に大変気に入られ、氏から何度も励ましのメールを受けとった。（当時私は、高校で生物の教員をしていたが、

クジャクの羽の模様は雄によってかなり違っている。目玉模様が規則正しく並んでいるもの（右側）とそうでないもの（左側）

エンクエスト氏の名はよく知っており、氏からのメールは大変うれしかった。)

実は、私もネイチャーに投稿したのだが、ネイチャーはそれを掲載してくれなかった。

エンクエスト氏は、それはネイチャーのほうが間違っていると言ってくれ、スウェーデンの鳥類の専門雑誌に掲載される道を開いてくれた。私の論文が掲載された雑誌の表紙には、私が実験で使ったクジャクの写真が使われた。

自慢の話になるとついつい長くなる。(もっと自慢しろと言われればいくらでも続けられるが……トホホホ、そんな自分が情けない。)

さて、私が行なった第二段階目の実験を詳しく説明しよう。

動物園などで見たことのある方は多いと思うが、雄のクジャク(正確にはインドクジャク)は、雌へ求愛するとき、尾

九官鳥に2枚のクジャクの尾羽の写真を見せ、反応を調べる実験

羽（正確に言うと、あれはほんとうの尾羽ではなく上尾筒《じょうびとう》とよばれる羽）を大きく広げ、その羽が雌の顔の正面にくるように立ち、羽を小刻みにふるわせる。（バサバサという音がする。）ところが、クジャクの雄の尾羽の模様（メタリックの緑を基調にした、目玉のような模様が扇のように展開している）は、雄によってかなり違っており、鮮やかな目玉模様が秩序正しくたくさん並んでいる羽もあれば、目玉模様がくすんでいて数も多くなく、あるいは、目玉模様の並び方があまり規則正しくなっていないような羽もある。

私は、前者のようなクジャクの尾羽の写真と、後者のような尾羽の写真とを、九官鳥の飼育カゴの端に、三センチほど離して並べて置いたのである。そして、九官鳥は、これらの雄クジャクの羽の写真のどちらを気に入るかを調べたのである。

その結果わかったことは、**九官鳥は、何度実験しても、秩序立ったクジャクの羽の写真に引かれた**ということだった！

その結果を得たときは、ほんとうにうれしかった。

（ただそれだけの実験？と思われる方がおられるかもしれない。しかし、そのアイデアが重要なのである。問題の本質を見ぬいたうえでの誰も考えないようなアイデア！　そしてその実行。私はそのひらめきや実行力に、**科学することの喜び**を感じるのである。）

さて、ここであるエピソードを一つご紹介したい。先にお話しした「クジャクの羽の写真を九官鳥に見せる実験」に関連した、ある体験である。

私は雌に求愛している雄クジャクの尾羽の写真を、瀬戸内海に浮かぶ小さな島「小豆島」のクジャク園（確かそういったような名前だったと思う）のなかで撮ってきた。何回か通って、クジャクの求愛行動を見たり、実験に使えそうな写真を撮ったりしたのであるが、園内を歩きまわっている途中で、それまでに報告がなかった（今でもそれを報告した論文を私は知らない）重要な場面を目にした。

今日まで心に静かにしまってきたのだが、よい機会だから報告しておこう。（人間という動物の尺度からするとあまり〝道徳的〟ではない行動であるが、生物学的には重要な現象だ。）

それは、**鳥類におけるスニーカー行動**である。

スニーカー行動というのは、これまで魚類や両生類で見出されてきた行動で、直訳すると「こそこそと盗む」行動ということになる。**縄張りをつくらないスニーカー雄が、縄張りをしっかりつくっている雄（そういう雄は雌に好かれやすい）の近くに、見つからないようにそっと隠れていて、雌が縄張り雄の求愛に応えて産卵をしたとき、そのスニーカー雄はここぞとば**

かりに卵のほうへ突進し、自分の精子をかけるのである。そうすると、卵は、そのスニーカー雄の遺伝子が入った子どもになるわけである。

たとえば、夏の里地になくてはならないアマガエルでは、大きい雄は、田んぼの真ん中に縄張りをつくってケロケロ鳴く。（その鳴き声が雌への求愛信号になる。）真ん中のほうが、イタチやヘビなどに襲われる危険が少なくて安全なのである。

一方、縄張りをもたず、体も大きくならない雄の一部は、真ん中に縄張りをつくっている雄の近くにそっと隠れていて（もちろんまったく鳴かない）、雌が、特等席の縄張りにやって来て産卵をする瞬間をねらってぱっと近づき、精子をかける。

そして、スニーカー行動する雄親の子ども（雄）は、雄親の遺伝子を受けついでおり、自分も、体も大きくならずスニーカー行動をしやすい性質をもつことになる。だから、何世代が経過しても、スニーカー行動をとる個体が、アマガエルのなかからいなくなることはない。

魚のスニーカー行動も似たようなものであるが、これまで鳥類ではスニーカー行動は報告されてこなかった。

ところが私は、偶然に、次のような場面を目の当たりにしたのである。

ある雄クジャクが、ある雌クジャクに、何度も何度も尾羽を広げて求愛を行なっていた。雌は、最後には雄からの求愛を受け入れる場合でも、たいていはすぐには応じず、何度も身をひるがえして雄から遠ざかるのであるが、ちょうど私が見たとき、雌が雄を受け入れて交尾の姿勢をとって地面に座るような格好になった。

と、そのときである。

周囲にいた雄（それまで雌に求愛などまったくしていなかった）が、五、六羽、その雌に向かって突進してきて、雌と交尾しようとしたのである。（鳥の交尾は、雌の肛門に雄が肛門をこすりあわせるようにくっつけて行なわれる。）

私は、あっけにとられた。これは、まさしくスニーカー行動ではないか！

（そんなことを〝これまで心に静かにしまってきた〟……のか、とは言わないでいただきたい。それは動物行動学者にとってはとても大事な発見なのだから。）

さて、実験の話にもどろう。では実際に実験に使った二〇三ページの写真を見ていただきたい。

一方の尾羽は、インドクジャク特有の目玉模様がたくさんあり、規則正しく並んでいる。それに対し、もう一方の尾羽は、歯並びならぬ尾羽並びが悪く、目玉模様の数も配列の規則性も劣る。

それまでの、イギリスの研究者たちによる、クジャクの雌の雄選びについての研究では、雌は、後者のような尾羽をもつ雄よりも、前者のような尾羽をもつ雄のほうを好むことが報告されていた。

このような、「雄をその外見で判断する」という雌の戦略は、クジャク以外の多くの鳥類で報告されており、たとえばツバメでも、雌は、左右が対称な尾羽（ツバメの尾羽は、真ん中が割れて左右に伸び、逆V字のような形になっている）をもつ雄のほうを選びやすいことが知られていた。

ここからが問題なのであるが、より秩序の高い羽をもった雄が、雌から気に入られやすい理由は、それまで、次のように考えられていた。

「そのような尾羽をもつ雄は、しっかりと餌をとることができ、病気にも強い雄だと考えられるから、そのような雄の遺伝子をもらった雌のほうが、生きのびやすい子どもを得やすくなるからだろう」

規則性のある外見は、その雄の遺伝子のよさを反映しており、そのような遺伝子を自分の子どもにもたせた雌のほうが、多くの子どもを残すことができる、というわけである。（かりにこの説を**「秩序＝健康」**説とよぼう。）

一方、エンクエスト氏や私は（もちろん二人だけではないが）、別の理由を考えていた。

それは、「雌がより秩序の高い羽をもつ雄を好むのは、人間の〝美的感覚〟とも共通する、鳥の〝秩序嗜好傾向〟が、雄の羽に対して働くからではないか」というものである。（かりにこの説を**「秩序＝美感覚」**説とよぼう。）

レンシュ氏や私が行なった実験を思い出していただきたい。鳥にはもともと、秩序が崩れた図形よりも、秩序のある図形のほうを好むという、はっきりとした傾向があるのである。

ではなぜ鳥は、より秩序が高いもののほうを好む傾向があるのだろうか。（進化的な視点から言うと、「なぜそのほうが、鳥の生存や繁殖にとって有利になるのだろうか」）

それに対する答えは、「なぜ人間は、より秩序が高いもののほうを好む傾向があるのか」という問いに対する答えとも重なると思う。

それを説明しはじめると長くなるので、ここでは、「対象のなかに秩序を見出すことは、その対象の、より的確な把握に結びつく」とだけ答えておきたい。（何か偉そうな言い方をして申し訳ない。でも、何か言っておかないと、私の面子《めんつ》もあるので……。張りぼての面子だが。）

「秩序＝健康」説と「秩序＝美感覚」説の勝敗についてもお話ししておかなければならないが、結論から言えば、まだはっきりとした決着はついていない、というところだと思う。全体的に見て、「秩序＝健康」説がかなり優勢になってきていることは確かである。しかし「秩序＝美感覚」説のほうを支持する研究も少なくない。種によって事情が違う可能性もある。

また、これらの説とは別の仮説も主張されているし、東京大学の高橋麻理子さんは、膨大な調査結果をもとに、そもそも、「クジャクの雌が、目玉模様がたくさんあり規則正しく並んでいる尾羽をもつ雄を好む」というイギリスの研究者たちの結論をくつがえす結果を発表されている。（ただし、現在、クジャクの雄があれだけ見事な目玉模様の尾羽を進化させているということは、少なくとも過去において、雌がそういった雄の尾羽を好んだときがあったことを示している。ひょっとすると高橋さんが調べた日本の調査地では、クジャクが野生での本来の特性を失っているのかもしれない。）

研究というのは、なかなか簡単には進展することはなく、苦労をしながら少しずつ前進するものなのだ。

ところで、九官鳥を対象にした実験をやりながら、私の頭のなかに、いつか調べてみたいと思うテーマがいくつか浮かんでいた。その一つが、先にお話しした、「鳥には〝秩序〟の概念があるかどうか」という問題である。この〝秩序〟の概念は、木の概念や水の概念よりももっと抽象度が高い概念であり、もし、それを鳥がもっているとしたら、とても興味深い。そして、その問題を調べるためにも、特注の装置を準備したのだ。

その研究は、私が大学に勤めるようになってまだ間もないころに始めたのだが、息子が飼っていた手乗りの文鳥を貸してもらうことにした。（そのころ九官鳥は寿命をまっとうしていた。）

「文鳥（チチという名前だった）に絶対苦痛は与えない」「毎日家に連れて帰る」などなど、いくつかの約束を守ることを条件に、息子は文鳥を貸してくれた。そして、チチは毎日、私とともに大学に出勤することになった。

大学では、空いた時間を見つけて、私はチチに次のようなことをしてもらった。

まず、特注の実験装置のなかの〝壁〟の左右に、一方には秩序のある図形を、他方には、その秩序が幾分崩れた図形を貼った。そしてチチが、秩序図形の側の止まり木にとまったとき、チチの好きな餌が入った餌箱が出てくるようにセットした。

こうしておいてから、チチをなかに入れ、チチが、秩序図形の側と餌箱との関連を学習してくれるのを待った。その後、秩序図形の側をランダムに左右変更し、チチが「秩序図形がある側にとまれば餌箱が出てくる」ことを学習したことを確認した。

それができたら、次はまた、別のタイプの「秩序図形 VS 秩序崩れ図形」を装置内に貼り、チチに、図形についての学習（〝秩序〟図形がある側にとまれば餌箱が出てくる）をしてもらった。

チチの学習能力はなかなかのものだった。この調子で、さまざまなタイプの「秩序図形 VS 秩序崩れ図形」について学習してもらっていけば、もし、チチに秩序という概念があれば、新しいタイプの「秩序図形 VS 秩序崩れ図形」を貼ったとき、チチはすぐに秩序図形のほうにとまるようになるはずである。

実験が一カ月ほど続き、チチが、四タイプ目くらいまでの「秩序図形 VS 秩序崩れ図形」の学習を完了した、一二月のある日のことだった。息子の部屋のカゴのなかで、チチが死んでしまったのである。原因は、卵を産みすぎて体力を消耗したのだと思われる。

その前の日、いつもと同じようにチチを連れて家に帰り、息子に返し、その日は別に変わったことはなかった。

次の日の朝、息子が「チチが卵を産んでいる」と言う。

見てみると、すでに卵を一つ産んでいて、次を産もうとしているような格好でカゴの床にうずくまっていた。冬に産卵するのは、それまでにも経験したことだったので、特に心配もしなかった。ただし、産卵は小鳥にとって大変体力を消耗することだ。

数日は実験は休みだと思い、一人で出勤した。ところが、帰ってみて驚いた。チチが、四つも卵を産み、うずくまったまま息をひきとったという。息子が悲しんだのは言うまでもない。それとともに、私の実験も終わった。

それから五年、またまた私の頭のなかに、**今度はヒヨで実験してみようという気持ちが湧いてきた。**ヒヨは、まだ十分飛べないことを別にすれば元気いっぱいで、もちろん卵を産むような様子などまったくなかった。それに季節は、気持ちのよい晩春だ。

ヒヨの顔を見ると**「ウン、ヤルヤル！　実験手伝う！」**と言っているように思えた。

実は、それよりも前に、「ホバに手伝ってもらって実験を」と思ったこともあった。しかし、なにせホバは大きすぎて、実験装置の止まり木にはとまれない。また、ドバトは、両足をそろえて、左右の止まり木から止まり木へピョンと跳ぶ、という動作ができない。残念ながら実験はできない。

しかし、ヒヨなら、大きさもギリギリ装置内での実験が可能だ。左右の止まり木の間をジャンプして移動することもお手のものだ。

そしてなにより、ヒヨたちヒヨドリのなかには、自然のなかで、さまざまな課題を解決し、学習して生きている野生の思考力のようなものを感じる。「頼むぞ！　ヒヨ」といったところである。

「近々、実験のために大学に連れていこう」と思い、いつものように、休日、ヒヨとホバを庭の散歩に連れ出したときだった。

例によってホバは、脚を交互に出しながらテクテク歩く。ヒヨは両足を合わせてピョンピョンはね、低木に近づき、下のほうの枝にとまり、枝から枝へと移動する。私はいつものように、二羽の近くに腰を下ろしてその様子を見ている。さわやかな晴天の春の午後である。

それは突然の出来事だった。

一羽の鳥が頭上に飛来し、電線にとまって鳴きはじめた。それがヒヨドリであることはすぐわかった。するとなんと、ヒヨがそれに応えるように大きな声で鳴いた。

ピーッ。

それを機に、急にヒヨの動きが活発になり、低木の上へ上へと、枝を乗りかえながら移動しはじめた。そして低木のいちばん上に来たとき、電線のヒヨドリが隣の建物の屋上を越えて伸びている桜の木に移動した。ヒヨとの距離はより接近した。

そのとき、私の脳裏に、ヒヨを保護した、あの道路での場面が浮かんだ。

突然姿を現わしたヒヨドリが、あのとき、頭上の電線にとまっていたヒヨの連れあいである可能性はきわめて低い。というか、まずありえない。しかし、ヒヨがこれほどまでに反応するのには何か理由があるのかもしれない。なんとなく尋常ではない緊張感を感じたのも確かだった。

あのヒヨドリはいったい……そんなことを考えなが

ヒヨはやって来た１羽のヒヨドリとともに行ってしまった

ら、でも、このハプニングもうすぐ終わるだろうと思っていた。ヒヨは低木の枝か、地面で、そのヒヨドリを見送ることしかできないだろうと思った。

ところが、次の瞬間、私の予想はまんまとはずれた。ヒヨが上方に飛んだのである。ぎこちない飛び方ではあったが、とにかくヒヨは飛んだ。飛んで、桜の木の、ヒヨドリの近くの枝にとまった。

私は呆然とその光景を眺めた。

少しして**「ヒヨは行ってしまったのか」**と思った。

まだ野生に返ることができるほど翼は回復してはいない、と思っていたのだが、でも、少なくとも、一〇メートルほど上空まで飛べるくらいまではよくなっていたのだ。

あとは、ヒヨが自力で生きていけることを祈るしかない。

幸い、森や草原にはヒヨドリの餌があふれる時期である。

やがてヒヨは、桜の木を飛び立ったヒヨドリについて、青い空を北方向に飛んでいった。

最後にピーと鳴いたような気がした。

足元でホバが、頭を上下させながらテクテクと歩いていた。

「友だちが行っちゃったなー」と声をかけた。

著者紹介

小林朋道（こばやし　ともみち）

1958 年岡山県生まれ。

岡山大学理学部生物学科卒業。京都大学で理学博士取得。

岡山県で高等学校に勤務後、2001 年鳥取環境大学講師、2005 年教授。

専門は動物行動学、人間比較行動学。

著書に、『通勤電車の人間行動学』（創流出版）、『スーパーゼミナール環境学』（共著、東洋経済新報社）、『地球環境読本』『地球環境読本 II』（共著、丸善株式会社）、『人間の自然認知特性とコモンズの悲劇―動物行動学から見た環境教育』（ふくろう出版）、『先生、巨大コウモリが廊下を飛んでいます！』『先生、シマリスがヘビの頭をかじっています！』『先生、カエルが脱皮してその皮を食べています！』（築地書館）など。

これまで、ヒトも含めた哺乳類、鳥類、両生類などの行動を、動物の生存や繁殖にどのように役立つかという視点から調べてきた。

現在は、ヒトと自然の精神的なつながりについての研究や、水辺の絶滅危惧動物の保全活動に取り組んでいる。

中国山地の山あいで、幼いころから野生生物たちと触れあいながら育ち、気がつくとそのまま大人になっていた。1 日のうち少しでも野生生物との“交流”をもたないと体調が悪くなる。

自分では虚弱体質の理論派だと思っているが、学生たちからは体力だのみの現場派だと言われている。

先生、子リスたちがイタチを攻撃しています！

鳥取環境大学の森の人間動物行動学

2009年７月15日　初版発行
2017年７月20日　７刷発行

著者　小林朋道
発行者　土井二郎
発行所　築地書館株式会社
〒104-0045
東京都中央区築地7-4-4-201
☎03-3542-3731　FAX 03-3541-5799
http://www.tsukiji-shokan.co.jp/
振替00110-5-19057
印刷製本　シナノ出版印刷株式会社
装丁　山本京子

 ISBN978-4-8067-1384-5

大好評　先生！シリーズ

先生、ワラジムシが取っ組みあいのケンカをしています！

［鳥取環境大学］の森の人間動物行動学

小林朋道［著］ 1600円＋税　◎2刷

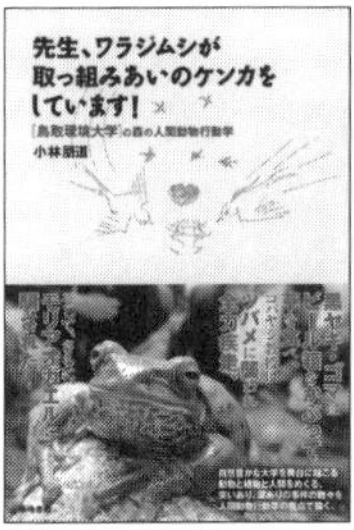

黒ヤギ・ゴマはビール箱をかぶって草を食べ、
コバヤシ教授はツバメに襲われ全力疾走、
そして、さらに、モリアオガエルに騙された！
自然豊かな大学を舞台に起こる
動物と植物と人間をめぐる事件の数々を
人間動物行動学の視点で描く。

先生、洞窟でコウモリとアナグマが同居しています！

［鳥取環境大学］の森の人間動物行動学

小林朋道［著］ 1600円＋税

雌ヤギばかりのヤギ部で、新入りメイが出産。
スズメがツバメの巣を乗っとり、
教授は巨大ミミズに追いかけられ、
コウモリとアナグマの棲む洞窟を探検………。
教授の小学２年時のウサギをくわえた山イヌ遭遇事件の作文も掲載。
自然児だった教授の姿が垣間見られます！

価格・刷数は2017年7月現在
総合図書目録進呈します。ご請求は下記宛先まで
〒104-0045　東京都中央区築地7-4-4-201　築地書館営業部
メールマガジン「築地書館BOOK NEWS」のお申し込みはホームページから
http://www.tsukiji-shokan.co.jp/

大好評　先生！シリーズ

先生、イソギンチャクが腹痛を起こしています！

[鳥取環境大学]の森の人間動物行動学

小林朋道［著］ 1600円＋税　◎2刷

学生がヤギ部のヤギの髭で筆をつくり、
メジナはルリスズメダイに追いかけられ、
母モモンガはヘビを見て足踏みする……。
カラー写真満載のシリーズ第10巻。
巻末には、1～9巻のふりかえり、
先生！シリーズ◎思い出クイズも掲載。

先生、犬にサンショウウオの捜索を頼むのですか！

[鳥取環境大学]の森の人間動物行動学

小林朋道［著］ 1600円＋税

ヤドカリたちが貝殻争奪戦を繰り広げ、
飛べなくなったコウモリは涙の飛翔大特訓、
ヤギは犬を威嚇して、
コバヤシ教授はモモンガの森のゼミ合宿で、
まさかの失敗を繰り返す。

価格・刷数は2017年7月現在
総合図書目録進呈します。ご請求は下記宛先まで
〒104-0045　東京都中央区築地7-4-4-201　築地書館営業部
メールマガジン「築地書館BOOK NEWS」のお申し込みはホームページから
http://www.tsukiji-shokan.co.jp/